전장의 창과 방패, 드론

전장의 창과 방패, 드론

2025년 11월 20일 초판 인쇄
2025년 11월 25일 초판 발행

지은이 | 최형옥
펴낸이 | 이찬규
펴낸곳 | 북코리아
등록번호 | 제03-01240호
주소 | 13209 경기도 성남시 중원구 사기막골로45번길 14
　　　우림2차 A동 1007호
전화 | 02-704-7840
팩스 | 02-704-7848
이메일 | ibookorea@naver.com
홈페이지 | www.북코리아.kr
ISBN | 979-11-94299-67-7 (93390)

값 20,000원

* 본서의 무단복제를 금하며, 잘못된 책은 구입처에서 바꾸어 드립니다.

전장의 창과 방패, 드론

The Spears and Shields of War, Drones

최형옥 지음

AI 생성 이미지 및 저작권 안내

본 서적에 수록된 모든 항공기, 드론, 무기체계 관련 사진형 이미지 및 일러스트는 인공지능(AI) 기술을 활용하여 생성된 창작물입니다. 이들 이미지는 독자의 이해를 돕기 위한 시각 자료로 제작된 것으로, 특정 국가, 정부기관, 군사조직, 기업체 또는 실제 무기체계와 직접적인 관련이 없으며, 어떠한 공식적 연계, 지지 또는 승인을 의미하지 않습니다. 또한 본문 중 등장하는 기체명, 무기명, 국가명 등은 설명의 편의를 위한 사실 서술로, 특정 단체, 기관, 또는 상표권 보유자와의 상업적 관계를 암시하거나 대표하려는 의도가 없습니다. 모든 이미지와 텍스트는 독창적 연구 및 정보 제공을 목적으로 제작되었으며, 무단 복제, 배포, 2차 수정은 금지됩니다.

프롤로그:
드론이 바꾼 전쟁의 양상

"전쟁의 얼굴이 바뀌고 있다.
그리고 그 변화의 중심에는 드론이 있다."[1]

21세기 전쟁은 과거와 본질적으로 다르다. 한때 첨단 무기체계는 강대국의 전유물로 여겨졌지만, 이제는 소규모 국가나 심지어 비국가 행위자들, 테러조직이나 민간 용병 단체까지도 그 기술을 손에 쥘 수 있는 시대가 되었다. 바로 드론, 즉 무인기의 등장이 그 판도를 바꾸었다.

과거의 전쟁은 병력 수, 전차 대수, 항공 전력과 같은 물리적 요소의 총합으로 군사력을 평가했다. 그러나 오늘날, 드론은 감시와 정찰을 넘어 전투와 정보전, 심리전, 사이버전에 이르기까지 작전 전반에 깊숙이 침투하며 군사력의 새로운 기준이 되고 있다. 이는 단순한 기술의 변화가 아니라 전쟁의 방식 자체가 구조적으로 재편되고 있음을 의미한다.

---

1   RAND Corporation, "The Role of Emerging Technologies in Future Warfare," 2020.

우크라이나 전쟁이 보여준 '드론 혁명'

2022년 발발한 우크라이나 전쟁은 드론이 현대 전장의 규칙을 근본적으로 바꿀 수 있음을 전 세계에 각인시킨 사례다. 튀르키예산 군용 드론(Bayraktar TB2)은 우크라이나군이 러시아군의 기갑 전력과 방공 시스템을 타격하는 데 효과적인 역할을 했다.[2] 한때 전차 한 대의 파괴에는 고가의 유도무기가 동원되었지만, TB2는 훨씬 낮은 비용으로 유사한 효과를 거두었다.

더욱 주목할 것은 소형 상업용 드론의 군사적 전용이다. 보급형 드론에 열영상 장비나 자폭 모듈을 장착한 즉흥형 무기가 전장에서 실시간 정보 수집과 공격에 활용되고 있다. 이는 '민간 기술이 군사력의 핵심 자산으로 전환된 대표적 사례'로 평가받는다.[3] 이처럼 드론은 '싸고', '가볍고', '유연한' 무기로서 기존 군사력의 개념을 뒤흔들고 있다. 그리고 이 변화는 아직 진행 중이다.

드론이 재편하는 미래 전장의 전략

현대의 군사전략에서 드론은 보조전력이 아니라 주력 자산으로 간주된다. 단순한 무인기의 시대는 지났고, 이제는 AI 기반의 자율 드론, 군집비행(Swarm), 그리고 네트워크 중심작전(Network-Centric Warfare)이 핵심 전략 개념으로 부상하고 있다. 미국 국방부는 이미 다영역 작전(Multi-Domain Operations, MDO) 개념을 바탕으로 드론을 지상·해상·공중 자산과 통합 운

---

[2] Time, "Ukraine's Secret Weapon Against Russia: Turkish Drones," March 10, 2022.

[3] Wired, "Small Drones Are Giving Ukraine an Unprecedented Edge," March 2022.

용하는 체계를 구축 중이다.[4] 향후 전쟁은 드론끼리 협동 작전을 수행하고, 실시간 AI 판단으로 목표를 선정하며, 인간의 개입 없이 임무를 수행하는 자율적 전장으로 전개될 가능성이 높다. 이런 흐름 속에서, 대한민국을 포함한 중견 국가들은 어떤 전략을 구사해야 하는가? 단순한 기술 보유를 넘어, 운용 개념과 법제도, 윤리적 기준까지 재정립해야 할 때다.

이 책이 다루는 핵심 질문들

이 책은 드론이라는 단일 기술을 넘어서, 그 기술이 바꾸는 전쟁의 구조와 국가안보 패러다임에 대해 통찰하고자 한다. 우리는 다음과 같은 질문에 답하고자 한다.

- 왜 드론은 전쟁의 핵심 전력으로 부상했는가?
- 드론이 기존 무기체계를 어떻게 대체하고 있는가?
- 우리는 이 변화에 어떻게 대응하고 있으며, 무엇을 놓치고 있는가?
- 드론의 확산은 국제 군사 균형을 어떻게 재편할 것인가?
- AI 기반 드론은 어디까지 자율성을 가질 수 있는가?
- 윤리적, 법적 논쟁은 어떻게 시작되고, 어디로 향하고 있는가?

전환점에 선 우리, 그리고 준비되지 않은 질문들

우리는 지금까지의 군사 패러다임이 송두리째 흔들리는 변곡점 위에

---

[4] U.S. Army Training and Doctrine Command, *The U.S. Army in Multi-Domain Operations 2028*, TRADOC Pamphlet 525-3-1, 2018.

서 있다. 드론은 기술의 집약체이자 전쟁의 성격을 바꾸는 매개체다. 조종사가 탑승하지 않는 무인 전투기와, 전선에 직접 나가지 않는 전투 개념이 확산되고 있다. 그 자리를 무인기가 대신하고 있다. 그렇다면, 이 새로운 전쟁의 시대에 우리는 어떤 전략, 어떤 가치, 어떤 원칙을 세워야 할까? 이 책은 그 물음에 대한 실마리를 제시하기 위한 여정의 시작이다.

CONTENTS

프롤로그: 드론이 바꾼 전쟁의 양상 · · · · · · · · · · · · · · · · · 5

제1장

군사력이란?

1. 군사력의 개념과 본질 · 15
2. 군사력과 힘의 논리 · 21
3. 군사력의 구성요소 · 26
4. 군사력과 국제정치 · 31
5. 군사력에 대한 오해와 진실 · · · · · · · · · · · · · · · · · · 36

제2장

우크라이나 전쟁이 미치는 군사력의 변화

1. 20세기 이후 전면전의 가능성에 대한 오판 · · · · · · · · · · · 43
2. 상업용 드론(FPV, 민간 드론)의 군사적 개조 · · · · · · · · · · 48
3. 우크라이나 전쟁이 남긴 군사력 변화의 메시지: 드론이 바꾼 전쟁의 판도 · · · 55
4. 드론이 사용된 주요 전쟁 지도 · · · · · · · · · · · · · · · · · 60

제3장
드론의 역사와 사회에서의 사용

1. 드론이란? · 69
2. 드론의 산업별 활용과 경제적 효과 · · · · · · · · · · · 76
3. 드론의 법적 및 윤리적 논란 · · · · · · · · · · · · · · 85
4. 드론의 군사 여정 · 90

제4장
국가별 군사와 드론의 융합

1. 미국의 군사드론 동향 · · · · · · · · · · · · · · · · · 103
2. 중국의 군사드론 동향 · · · · · · · · · · · · · · · · · 107
3. 러시아의 군사드론 동향 · · · · · · · · · · · · · · · · 112
4. 이스라엘의 군사드론 동향 · · · · · · · · · · · · · · · 117
5. 한국의 군사드론 운용 · · · · · · · · · · · · · · · · · 121
6. 기타 국가들의 군사드론 동향 · · · · · · · · · · · · · 125

제5장
드론을 통한 대테러 전략

1. 드론 기반 대테러 작전의 진화 · · · · · · · · · · · · · 132
2. 한국의 대테러 작전과 드론의 활용 · · · · · · · · · · 135
3. 민간인 피해를 최소화하는 전략 · · · · · · · · · · · · 142
4. 국제사회에서의 드론 사용 규제와 법적 논란, 드론과 국제법 · · · 146
5. 한국의 드론 관련 국내법과 국제법적 고려 · · · · · · · 150

제6장
육군 중심의 제대별 드론 운용 및 해·공군 통합

1. 드론을 활용한 군사시설 경계 · · · · · · · · · · · · · · · 157
2. 침투부대의 효율적인 드론 운용 · · · · · · · · · · · · · · 162
3. 소대 및 중대 단위의 소부대에서의 드론 운용 · · · · · · · · · 168
4. 대대 및 여단 단위의 효율적 드론 운용 · · · · · · · · · · · · 176
5. 사단 이상급 작전에서의 드론 운용 · · · · · · · · · · · · · 182
6. 해군과 공군의 통합 드론 운용 및 다영역 작전(MDO) 개념 적용 · · · · · · · 189
7. 군사분야 사용자 노력 · · · · · · · · · · · · · · · · · 203

제7장
드론 개발과 통신법

1. 군사 분야에 접목 가능한 드론 기술 · · · · · · · · · · · · · 217
2. 드론 배터리의 특성과 발전과제 · · · · · · · · · · · · · · 238
3. 드론 통신 법규 및 규제가 개발에 미치는 영향 · · · · · · · · · 242
4. 드론 시장 성장 전망 · · · · · · · · · · · · · · · · · 246

에필로그: 드론과 군사력의 미래 · · · · · · · · · · · · · · · 249
참고문헌 · 255

제1장

군사력이란?

1. 군사력의 개념과 본질   2. 군사력과 힘의 논리
3. 군사력의 구성요소   4. 군사력과 국제정치
5. 군사력에 대한 오해와 진실

1.
군사력의 개념과 본질

21세기 전장은 내가 군에서 익숙하게 접했던 모습과는 전혀 다른 양상으로 변화되어가고 있다. 더 이상 병력과 무기 숫자만으로 승패를 가르던 시대를 지나, 데이터·전파·심리전 등이 뒤섞인 복합 공간이 바로 오늘날 전장의 모습이다. 그럼에도 변하지 않는 축이 있다. 바로 군사력(Military Power)이다. 군사력은 단순히 전쟁을 수행하기 위한 물리적 수단이 아니라, 국가의 의지와 존재를 실현하는 정치적 힘이다.

즉, 군사력은 전쟁을 수행하기 위한 것이 아니라 전쟁을 억제하고 평화를 유지하기 위한 최후의 장치이다. 군사력은 단지 과거의 전쟁 유산이 아니라, 국가 생존의 철학이자 미래 질서의 설계도이다. 그 본질을 올바로 이해할 때, 우리는 '힘으로부터 평화를 지키는 방법'을 배울 수 있다.

1) 군사력은 단순히 전쟁을 수행하기 위한 도구가 아니다

그것은 국가가 외부의 위협으로부터 스스로를 방어하고, 주권을 지키며, 국제사회에서 자국의 이해관계를 실현하는 총체적 힘을 의미한다.

다시 말해, 군사력은 국가의 생존과 번영을 뒷받침하는 기반이자 평화를 유지하기 위한 가장 강력한 억제 수단이다.

2) 역사 속 수많은 사례는 이 사실을 분명히 보여준다

군사력이 강한 국가는 자국의 이익을 지켜낼 수 있었고, 약한 국가는 외부 세력에 의해 침탈당하거나 정치적 독립을 상실했다. 그렇기에 군사력은 단순히 '전쟁 수행 및 억제 수단'만으로의 문제가 아니라, 정치적 수단이며, 경제적 보호막이며, 사회 전체를 지탱하는 안정장치다. 카를 폰 클라우제비츠(Carl von Clausewitz)는 그의 저서 『전쟁론』(On War)에서 다음과 같이 말했다.[1] "군사력은 외교의 연장이며, 국가의 의지를 실현하는 하나의 수단이다." 즉, 전쟁을 수행하기 위해서만이 아니라, 전쟁을 억제하고 평화를 유지하기 위해서도 강한 군사력이 필요하다.

3) 군사력을 쉽게 이해하기 위한 비유

군사력의 개념을 보다 직관적으로 이해하기 위해 학교생활의 한 장면을 떠올려보자. 학교에는 다양한 성격과 배경을 지닌 학생들이 있다. 이 중 힘이 센 학생은 보통 다른 학생들에게 쉽게 도발당하지 않는다. 그 학생이 공부도 잘하고 가정 형편까지 좋다면, 주변에서 감히 쉽게 건드리기

---

[1] Carl von Clausewitz, *On War*, 1832.

어려운 존재가 된다. 반대로 힘이 약한 학생이 무리에서 갈등을 일으키거나 존재감을 드러내려 하면, 때로는 따돌림이나 불이익을 감수해야 할 수도 있다. 국제사회도 마찬가지다. 군사력은 힘의 관계를 형성하는 핵심 변수이며, 국가 간 상호작용의 기본 전제가 된다.[2]

4) 군사력의 세 가지 핵심 역할

군사력의 기능은 다양하지만, 그 본질은 다음의 세 가지로 압축될 수 있다.

① 전쟁 억제력(Deterrence)

강한 군사력은 잠재적 적국에게 전쟁을 포기하게 만든다. 상대가 공격을 감행했을 때 돌이킬 수 없는 대가를 치르게 될 것이라는 신호를 주는 것이 바로 억제력이다.[3]

② 국가 방위력(Defense Capability)

외부의 군사적 위협으로부터 영토, 국민, 주권을 직접적으로 지켜내는 수단이다. 실질적인 무장력과 작전 수행능력이 결합되어야 이 기능이 가능해진다.

---

2   Robert Gilpin, *War and Change in World Politics*, Cambridge University Press, 1981.

3   Thomas C. Schelling, *Arms and Influence*, Yale University Press, 1966.

③ 외교적 협상력(Strategic Leverage)

군사력이 강한 국가는 국제 협상에서 더 큰 발언권을 가진다. 강대국의 군사력은 외교적 설득력과도 직결되며, 반대로 군사력이 부족한 국가는 외교적으로도 종속될 위험이 크다.

5) 군사력과 관련된 역사 속 교훈

군사력의 중요성을 보여주는 대표적 사례를 통해 그 본질을 구체적으로 살펴보자.

① 청나라의 몰락(19세기 말)

당시 청나라는 경제력과 인구 면에서 세계 최상위권에 있었지만, 근대화된 군사력을 갖추지 못했다. 이로 인해 서구 열강과 일본의 침략을 효과적으로 막지 못했고, 국토가 침탈되며 반식민지 상태에 놓이게 되었다.[4]

② 쿠웨이트의 침공(1990)

석유 부국으로서 부유했던 쿠웨이트는 이라크의 침공 앞에 무력했다. 단 48시간 만에 수도 쿠웨이트시티가 점령되었으며, 미군과 국제연합군이 개입하지 않았다면 독립은 유지되지 못했을 것이다.[5]

---

4   Jonathan D. Spence, *The Search for Modern China*, W. W. Norton & Company, 1990.

5   U.S. Department of Defense, "Conduct of the Persian Gulf War: Final Report to Congress," Government Printing Office, 1992.

③ 소련의 붕괴(1991)

소련은 세계에서 가장 강력한 군사력을 보유했지만, 이를 유지하기 위한 경제력이 뒷받침되지 못했다. 결국 냉전 시기의 과도한 군비 경쟁이 경제적 파탄으로 이어졌고, 군사력은 유지되었으나 국가 자체는 붕괴했다.[6]

이러한 사례들은 공통적으로 하나의 사실을 증명한다. 군사력은 생존의 조건이며, 독립 국가의 기본 자격요건이다. 경제력이 아무리 크더라도 이를 보호할 군사력이 없다면 국가의 이익은 외부에 의해 침해될 수 있다. 반대로, 군사력만 있고 이를 지속할 수 있는 경제력이나 외교 전략이 없다면 국가는 오래 유지되기 어렵다.

6) 군사력은 오늘날에도 여전히 '힘의 언어'다

동서고금을 막론하고 군사력은 항상 국가전략의 중심에 있었다. 동양에서는 손자(孫子), 오자(吳子), 병자(兵子) 같은 병법가들이 '무(武)'의 본질을 통찰했고, 서양에서는 마키아벨리(N. Machiavelli)나 클라우제비츠가 정치와 군사의 결합을 논의했다.[7] 마틴 반 크레펠드(Martin van Creveld)는 현대전의 진화를 다룬 저서에서 군사력의 형태가 바뀌더라도 그 기능은 여전

---

6   Zbigniew Brzezinski, *Out of Control: Global Turmoil on the Eve of the 21st Century*, Scribner, 1993.
7   Niccolò Machiavelli, *The Art of War*, Dover Publications, 2003.

히 정치와 권력의 핵심 수단이라고 강조한다.[8]

7) 결론적으로 군사력은 미래를 준비하는 힘이다

군사력은 과거의 유산이 아니라 미래를 준비하는 힘이다. 기술과 전쟁의 양상이 아무리 달라져도 군사력의 본질은 변하지 않는다. 그것은 단순히 무기나 병력의 총합이 아니라, 국가의 의지와 생존을 지탱하는 실질적인 기반이다.

오늘날 군사력은 전쟁을 수행하기 위한 수단이 아니라, 전쟁을 억제하고 평화를 유지하기 위한 국가의 장치로서 의미를 가진다. 강한 군사력은 평화를 지키는 힘이며, 국민의 안전을 담보하는 최소한의 조건이다.

결국 군사력은 전쟁을 막는 방패이자, 미래의 질서를 설계하는 국가의 철학이다. 이것이 바로 우리가 군사력을 이해하고 준비해야 하는 이유이다.

---

[8] Martin van Creveld, *The Transformation of War*, Free Press, 1991.

2.
군사력과 힘의 논리

국제사회는 이상적으로는 협력과 규범을 지향하지만, 실제로는 힘의 논리가 중요한 작용을 한다. 국가는 독립적으로 존재하지 않으며, 서로 얽혀 있는 이해관계 속에서 지속적으로 경쟁하고 견제한다. 이때 가장 명확하게 작동하는 변수는 바로 '군사력'이다.[9] 군사력이 강한 국가는 더 많은 외교적 선택지를 갖는다. 자국의 입장을 관철할 가능성이 높고, 협상에서 불리한 조건을 강요받지 않는다. 반면 군사력이 약한 국가는 외교 테이블에서 선택하는 쪽이 아닌, 선택당하는 쪽에 머물 수밖에 없다.

미국 정치학자 조지프 나이(Joseph S. Nye)는 '하드파워(Hard Power)'와 '소프트파워(Soft Power)'를 구분하며, 군사력은 전자의 핵심 도구라고 설명했다.[10] 그는 "국제질서는 결국 힘의 분포에 따라 형성되며, 군사력은 여전히 가장 결정적인 변수 중 하나"라고 강조했다.

---

9   Robert Gilpin, *War and Change in World Politics*, Cambridge University Press, 1981.
10 Joseph S. Nye, *Soft Power: The Means to Success in World Politics*, PublicAffairs, 2004.

1) 힘의 균형과 군사력의 역할

국제관계 이론에서 '힘의 균형(Balance of Power)' 개념은 반복적으로 등장한다. 국가들은 강대국의 팽창을 견제하거나 자신의 약점을 보완하기 위해 연합하거나 무장을 강화한다. 이때 군사력은 단순한 방어 수단이 아니라, 외교 전략의 핵심 변수로 기능한다.[11]

역사적 통찰을 주는 대표적 인물은 고대 그리스의 역사가 투키디데스(Thucydides)다. 그는 다음과 같은 말을 남겼다. "강한 자는 자신이 원하는 것을 하고, 약한 자는 그들이 감당할 수밖에 없는 일을 겪는다."(Thucydides, "History of the Peloponnesian War")[12] 이는 군사력이 '국제 정의'가 아니라 '국제 현실'을 결정짓는 핵심임을 단적으로 보여준다.

> **투키디데스의 함정(Thucydides Trap)**
> 투키디데스는 펠로폰네소스전쟁(BC 431~404)에서 아테네(신흥 강대국)와 스파르타(기존 강대국) 간의 경쟁이 충돌로 이어질 수밖에 없었던 구조를 설명했다. 하버드의 그래엄 앨리슨(Graham Allison)은 이를 현대 국제정치에 적용하며 '투키디데스의 함정'이라 이름 붙였다.[13]

이 개념은 현재 미국과 중국 간의 군사적·경제적 경쟁에도 적용되고 있다. 다음은 대표적인 적용 사례다.

---

11 Hans Morgenthau, *Politics Among Nations*, Alfred A. Knopf, 1948.

12 Thucydides, *History of the Peloponnesian War*, trans. Rex Warner, Penguin Classics, 1954.

13 Graham Allison, *Destined for War: Can America and China Escape Thucydides's Trap?*, Houghton Mifflin Harcourt, 2017.

① 미국 vs. 소련(냉전)

양국은 핵무기 경쟁을 통해 힘의 균형을 유지했으며, 이는 전면전의 발생을 억제했다. 군사력이 충돌을 막은 대표 사례다.

② 미국 vs. 중국

중국이 경제성장에 더해 해군력과 사이버 전력을 증강하면서, 기존 패권국인 미국과의 충돌 가능성이 꾸준히 제기되고 있다.

결국 군사력은 국제사회에서 힘의 균형을 조절하는 도구이자 전쟁을 막는 억제력으로 작용한다.

2) 외교 협상의 도구로서의 군사력

19세기 군사 이론가 클라우제비츠는 전쟁을 '정치의 연장(Politics by Other Means)'이라 정의했다.[14] 이는 군사력이 단순한 무력행사가 아니라 국가의 전략적 목적을 달성하기 위한 외교 수단이라는 점을 강조한 개념이다. 이러한 맥락에서 군사력은 외교 협상의 지렛대로 기능한다. 국가 간 협상에서 군사력은 암묵적 위협이자, 협상의 배경 구조를 형성한다. 몇 가지 사례를 통해 이를 확인해보자.

---

14   Carl von Clausewitz, *On War*, 1832.

① 사례 1: 북한의 핵전략

북한은 전통적인 의미의 경제·기술 강국은 아니지만, 핵무기를 통해 협상력을 확보하고 있다.[15] 핵 개발 이전, 북한은 미국과의 외교에서 주변국에 의존하거나 양보를 강요당하는 위치에 있었다. 그러나 핵무기를 보유한 이후에는 '제재 해제와 지원'을 조건으로 협상을 주도하려 하고 있다. 이는 군사력이 불균형한 협상 환경을 어떻게 역전시킬 수 있는지를 보여주는 상징적 사례다.

② 사례 2: 쿠바 미사일 위기(1962)

냉전 시기 미국과 소련의 가장 위태로운 충돌은 쿠바에서 발생했다. 소련이 쿠바에 핵미사일 기지를 건설하자, 미국은 해상봉쇄로 대응하며 군사적 압박을 가했다. 결과적으로 양국은 협상에 돌입했고, 쿠바 내 미사일 철수와 튀르키예 내 미국 미사일 철수를 맞바꾸는 '비공식 합의'가 이루어졌다.[16] 이 사건은 군사력이 단순한 전쟁 도구를 넘어 협상의 결정적 지렛대가 될 수 있음을 보여준다.

---

15 Victor Cha, *The Impossible State: North Korea, Past and Future*, HarperCollins, 2012.

16 Arthur M. Schlesinger Jr., *A Thousand Days: John F. Kennedy in the White House*, Houghton Mifflin, 1965.

3) 결론적으로 군사력 없는 외교는 전략이 아니다

 오늘날 국제사회는 복잡한 다자간 협력과 국제법 체계로 운영되고 있지만, 그 기반에는 여전히 힘의 언어가 존재한다. 그리고 그 언어의 핵심은 군사력이다. 경제, 외교, 문화 모두 중요하지만, 그 위에 안정된 기반을 제공하는 것은 결국 신뢰할 만한 방위력이다. 협상에서 강한 군사력은 말의 무게를 늘리고, 전략의 실현 가능성을 보장한다. 반면, 군사력이 결여된 외교는 단순한 청원에 그칠 위험이 있다.

3.
군사력의 구성요소

군사력은 흔히 병력의 수나 무기의 양으로 단순히 평가되곤 한다. 그러나 현대의 군사력은 훨씬 복잡하고 다면적인 개념이다. 전투 병력이나 무기체계만으로는 전쟁에서 우위를 점할 수 없다. 경제력, 기술력, 지휘체계, 전략적 배치, 동맹관계, 심지어는 군수산업의 지속 가능성까지 포괄된 종합체계가 바로 현대 군사력의 실체다.[17]

1) 진정한 군사력이란 무엇인가?

군사력은 단순히 병력의 규모나 무기의 양으로 설명될 수 없다. 진정한 군사력은 병력체계와 작전능력, 경제력과 국방력의 상호작용, 기술력과 미래 군사력이 유기적으로 결합된 종합 시스템이다. 전쟁의 승패는 이제 수적 우세가 아니라, 얼마나 숙련된 병력을 갖추고 이를 지속적으로 운

---

17 RAND Corporation, *Assessing and Measuring the Relative Military Balance Between the United States and China*, RAND Corporation, 2020.

용할 경제 기반과 첨단기술을 확보했는가에 달려 있다.

이 절에서는 이러한 세 가지 핵심 요소를 중심으로 현대 군사력의 실체를 살펴보고자 한다.

① 병력 체계와 작전 능력

현대 군사력의 본질은 단순한 병력 규모가 아니라, 숙련된 인력 운용과 효율적인 지휘체계, 그리고 신속한 전력 배치 능력이 결합된 종합적 작전역량에 있다. 다시 말해 병력의 질, 정보 통제, 기동성이 균형을 이룰 때 비로소 군사력은 전장에서 실질적인 우위를 확보할 수 있다.

- 병력의 규모 vs. 숙련도: 전통적으로는 병력의 수가 군사력의 핵심 척도로 여겨졌으나, 현대전에서는 질적 역량이 더 중요해지고 있다.[18] 대규모 병력보다도 정예화된 소규모 전력, 즉 고도로 훈련된 병사와 정밀 무기를 효과적으로 운용할 수 있는 능력이 승패를 가른다. 예를 들어, 이스라엘군은 병력 규모는 작지만, 고도화된 훈련 체계와 첨단무기 도입을 통해 강력한 전력을 유지하고 있다.
- 지휘체계와 정보 능력: 현대 군대의 작전 능력은 C4ISR 시스템(지휘, 통제, 통신, 컴퓨터, 정보, 감시, 정찰)의 효율성에 달려 있다.[19] 이는 정보 기반 전쟁 시대에 '누가 먼저 알고, 먼저 움직이는가'가 전쟁을 좌우함을 의미한다. 효과적인 지휘통제 체계가 없는 군대는, 아무리 첨단무기를 갖췄더라도 승리를 장담할 수 없다.

---

18 Martin van Creveld, *Technology and War*, Free Press, 1991.

19 Joint Chiefs of Staff, *Joint Publication 2-0: Joint Intelligence*, U.S. Department of Defense, 2013.

- 전략적 배치와 기동성: 군사력은 '보유'가 아니라 '배치'의 문제이기도 하다. 즉, 언제, 어디에, 어떻게 전력을 배치하느냐가 작전의 성패를 결정한다. 미국은 전 세계 곳곳에 항공모함 전단을 전진 배치해, 분쟁 발생 시 신속히 대응할 수 있는 능력을 갖추고 있다.[20] 이처럼 현대 군사력의 핵심은 민첩하고 유연한 전력 투사 능력이다.

② 경제력과 국방력의 상호작용

군사력은 비용 없는 힘이 아니다. 첨단무기를 개발하고, 병력을 유지하며, 해외 작전을 수행하는 데는 막대한 예산이 소요된다. 따라서 국방력은 항상 경제력의 범위 안에서만 지속 가능하다.

- 국방 예산과 국가의 지속 가능성: 냉전기의 소련은 군사력 면에서는 초강대국이었지만 과도한 군비 지출로 인해 내부 경제가 붕괴됐다.[21] 이는 '군사력은 경제 기반 없이는 유지될 수 없다'는 사실을 상징적으로 보여준다. 반면 미국은 탄탄한 경제력을 기반으로 세계 최대 규모의 국방 예산을 유지하고 있다. 2023년 기준 미국은 전 세계 군비 지출의 약 39%를 차지하고 있다.[22]
- 방산산업과 경제성장의 선순환: 방위산업은 단순히 국방력 강화의

---

20 Congressional Research Service, "U.S. Navy Aircraft Carriers: Background and Issues," Washington D.C.: Congressional Research Service, 2022.

21 Zbigniew Brzezinski, *Out of Control: Global Turmoil on the Eve of the 21st Century*, Scribner, 1993.

22 Stockholm International Peace Research Institute (SIPRI), "Military Expenditure Database," 2023.

수단이 아니라 국가 경제 발전의 원동력이 되기도 한다.[23] 한국은 K9 자주포, K2 전차, FA-50 경공격기 등을 통해 무기 수출 시장에서 빠르게 성장하고 있으며, 이스라엘과 튀르키예도 방산 수출을 국가 성장 전략으로 삼고 있다. 이처럼 경제력은 군사력의 원천이며, 방위산업은 경제성장의 촉매 역할을 할 수 있다.

③ 기술력과 미래 군사력

21세기 군사력의 중심에는 '기술'이 있다. 단순한 무기 경쟁에서 벗어나, 정보·AI·자동화·극초음속 등 첨단기술을 선점한 국가가 전장을 지배하는 시대다.[24]

- 드론과 무인 전력의 대두: 우크라이나 전쟁은 드론의 전략적 가치를 여실히 보여주었다.[25] 정찰용, 공격용, 자폭형 등 다양한 드론이 전차를 파괴하고, 지휘소를 타격하며, 병사의 위치를 노출시키는 데 사용되었다. 특히 상업용 드론의 군사적 전용은 '비대칭 전력'의 대표 사례다.
- 극초음속 무기와 방공체계 무력화: 미국, 중국, 러시아는 마하 5 이상의 극초음속 미사일(Hypersonic Glide Vehicles) 개발 경쟁을 벌이고 있다.[26] 이들 무기는 기존의 요격 시스템을 회피할 수 있어, 전략적 불

---

23 Defense News, "Top 100 Global Defense Companies," 2023.
24 U.S. Department of Defense, *National Defense Strategy*, Government Printing Office, 2022.
25 UK Ministry of Defence, "Intelligence Update on Ukraine," 11 February 2023.
26 Congressional Research Service, *Hypersonic Weapons: Background and Issues*, Congressional Research Service, 2022.

균형을 초래할 수 있는 잠재적 게임체인저로 평가된다.
- 사이버전과 정보전: 현대 군사력에서 사이버 공간은 제4의 전장이 되었다. 실제로 2022년 우크라이나 전쟁 초기에 러시아는 우크라이나의 에너지 인프라, 위성망, 통신체계에 사이버 공격을 가했다고 분석된다.[27] 이처럼 군사력의 미래는 사이버, 우주, AI와 같은 첨단기술 영역에서의 우위 확보에 달려 있다.

2) 결국 군사력은 종합 시스템이다

현대의 군사력은 단일 지표로 설명될 수 없다. 전투 능력, 전략적 사고, 경제 기반, 기술 혁신이 서로 유기적으로 결합될 때 비로소 실효성 있는 군사력이 탄생한다. 국가는 단순히 무기를 많이 보유할 때가 아니라 그 무기를 언제, 어디서, 어떻게 사용할지를 결정할 수 있는 통합 시스템을 가졌을 때 진정한 군사 강국이 된다.

---

[27] Center for Strategic and International Studies (CSIS), "Significant Cyber Incidents", CSIS.org, 2022.

4.
군사력과 국제정치

군사력은 단순히 전쟁을 수행하기 위한 도구를 넘어 국제정치 무대에서 국가의 위상과 전략적 영향력을 형성하는 핵심 자산이다. 외교의 무대에서 강한 군사력을 가진 국가는 자국의 입장을 보다 효과적으로 관철할 수 있으며, 반대로 군사력이 약한 국가는 강대국의 의도에 휘둘리거나 외교적 주체성을 확보하기 어려운 경우가 많다.[28] 조지프 나이는 군사력을 '하드파워'의 핵심요소로 규정하며, "국제정치에서 힘의 분포는 규범보다 현실을 만든다"라고 지적한다.[29] 이 절에서는 군사력이 국제정치에서 어떤 방식으로 작동하는지를 세 가지 관점인 패권 경쟁, 경제 보호, 평화 유지를 통해 살펴본다.

---

[28] Joseph S. Nye, *Soft Power: The Means to Success in World Politics*, PublicAffairs, 2004.

[29] Joseph S. Nye, *The Future of Power*, PublicAffairs, 2011.

1) 군사력과 패권 경쟁

국제정치의 가장 뚜렷한 현상 중 하나는 패권국과 도전국 사이의 긴장 구조다. 이 과정에서 군사력은 단순한 방어 수단이 아니라 국제질서의 설계자 혹은 해체자 역할을 수행한다.

① 미국 vs. 중국: 21세기 패권 구도

21세기의 대표적인 군사 경쟁은 미국과 중국 간의 패권 다툼이다.[30] 미국은 제2차 세계대전 이후 해양 중심의 세계 질서를 주도해왔고, 그 중심에는 항모 전단, 해외 기지망, 핵전략 체계 등이 있다. 한편, 중국은 급격한 경제성장과 함께 군사 현대화를 추구하고 있으며, 특히 남중국해·대만 해협 등에서 해양 패권 확보를 위한 군사력 증강을 추진 중이다.[31] 중국의 항공모함 건조, 해상 민병대 운용, 대미 억제용 극초음속 무기 개발 등은 단순한 국방력 강화가 아닌, 국제 영향력 확대를 위한 전략적 수단이다.

② NATO vs. 러시아: 우크라이나 전쟁 이후의 균형

2022년 러시아의 우크라이나 침공은 '전면전 시대는 끝났다'는 기존의 인식을 무너뜨렸다.[32] 이 전쟁은 NATO와 러시아 간의 군사력 대리 충

---

[30] RAND Corporation, *China's Military Modernization*, RAND Corporation, 2021.

[31] U.S. Department of Defense, *Annual Report on Military and Security Developments Involving the People's Republic of China*, Office of the Secretary of Defense, 2022.

[32] Congressional Research Service, *Russia's War in Ukraine: Military and Intelligence Aspects*, CRS Report No. R47329, Library of Congress, 2023.

돌 양상을 띠며, 국제질서의 불안정성을 다시 부각시켰다. 우크라이나는 초기에는 열세였지만, NATO의 군사지원(전술 드론, 정밀 유도탄, 정보 공유 등)을 통해 방어력을 급속히 끌어올렸다. 이 사례는 강력한 동맹과 기술 기반의 군사력이 국제정치에서 국가의 생존을 결정짓는 요소가 될 수 있음을 보여준다.

2) 군사력과 경제 보호

현대의 군사력은 단지 전쟁을 위한 수단이 아니다. 글로벌화된 경제 시스템에서 군사력은 국가의 경제적 이익을 보호하는 전략적 자산이기도 하다.[33]

① 해상 무역로 보호와 해군력

세계 무역의 80% 이상은 해상 운송에 의존하고 있다.[34] 말라카해협, 수에즈운하, 호르무즈해협 같은 전략적 해상로는 그 자체로 경제적 생명선이며, 이를 보호할 능력이 없는 국가는 심각한 리스크에 직면한다. 미국은 제7함대 등 주요 해군 전력을 인도·태평양과 중동에 배치해 국제 해상로의 자유로운 운항을 보장하고 있다. 이러한 해군력은 단순한 군사 배치가 아니라 무역 안정성과 에너지 안보를 보호하는 핵심 수단이다.

---

[33] Robert D. Kaplan, *The Revenge of Geography: What the Map Tells Us About Coming Conflicts and the Battle Against Fate*, Random House, 2012.

[34] International Maritime Organization, "Shipping and World Trade," 14 October 2021, IMO.org.

② 소말리아 해적 퇴치 사례

2000년대 초, 소말리아 인근 해역에서는 해적들이 무역 선박을 지속적으로 공격하면서 글로벌 물류에 심각한 타격을 주었다.[35] 이에 대응해 여러 국가가 유엔 결의에 따라 해군을 파견했고, 국제 무역로를 보호하는 데 성공했다. 이 사례는 군사력이 단지 분쟁 억제가 아니라, 경제 시스템을 지키는 실질적 수단으로도 기능할 수 있음을 보여준다.

3) 군사력과 국제평화 유지

강한 군사력은 역설적으로 전쟁을 막고, 평화를 유지하는 수단이 되기도 한다. 국제평화 유지 활동은 군사력이 '건설적'으로 사용되는 대표적 사례다.

① 유엔 평화유지군(PKO)의 작동 방식

UN은 무력 충돌이 빈발하는 지역에 평화유지군(Peacekeeping Operations, PKO)을 파견해 갈등 완화, 인도주의 지원, 정전 감시 등의 임무를 수행하고 있다.[36] 대한민국도 동티모르, 남수단, 레바논 등에서 PKO에 참여해 국제평화에 기여하고 있다.

---

[35] United Nations Security Council, "Resolutions on Piracy off Somalia," 2008-2012.

[36] United Nations Peacekeeping, "Peacekeeping Operations Overview," 2023.

② 강대국 군사력의 이중성

미국, 중국, 러시아 등 군사 강대국들은 때로는 국제질서를 안정시키는 역할을 하며, 때로는 자국의 이해관계 실현을 위한 수단으로 군사력을 사용한다. 미국은 약 750개 해외 군사기지를 통해 글로벌 안보와 외교 영향력을 동시에 행사하고 있다.[37] 이처럼 군사력은 국제정치에서 파괴와 보호, 위협과 억제라는 이중적 속성을 동시에 가진다.

4) 결국 군사력 없는 국제정치란 없다

군사력은 국가 간 권력의 배분, 경제의 보호, 외교의 성패, 평화의 지속성에 직접적인 영향을 미치는 핵심 요소다. 힘의 논리는 불편하지만 현실이다. 군사력은 오늘날에도 여전히, 그리고 앞으로도 국제질서를 형성할 가장 강력한 언어다.

---

[37] David Vine, *The United States of War: A Global History of America's Endless Conflicts*, University of California Press, 2020.

5.
군사력에 대한 오해와 진실

군사력에 대한 대중적 인식은 종종 단순화되거나 편향되어 있다. "군비 경쟁은 전쟁을 유발한다", "군사비는 복지보다 후순위다", "무기가 많으면 오히려 불안정하다"는 주장은 그럴듯하게 들리지만, 실제 사례와 구조적 분석을 통해 들여다보면 상당 부분이 오해이거나 과장된 해석일 가능성이 크다.[38] 군사력은 단순한 무기체계의 문제가 아니다. 그것은 정치·외교·경제·기술·사회 안정과 결합된 복합 시스템으로서, 국가 생존과 국제질서 유지의 핵심축으로 작동한다. 나아가 군사력은 전쟁을 일으키는 도구가 아니라, 오히려 전쟁을 억제하고 평화를 지탱하는 장치로 기능하기도 한다.

본 절에서는 군사력과 관련된 대표적인 오해 다섯 가지에 대해 살펴본다. 이러한 검토를 통해 우리는 군사력이 단순한 '무기의 집합'이 아니라, 국가의 생존, 평화, 번영을 위한 최후의 제도적 방어선임을 확인하게 될 것이다.

---

[38] Joseph S. Nye, *The Future of Power*, PublicAffairs, 2011.

1) "군비 경쟁은 전쟁을 유발한다?"

표면적으로 군비 경쟁은 긴장을 고조시키는 것으로 보인다. 그러나 실제 국제정치에서 군사력의 균형은 오히려 전쟁을 억제하는 역할을 수행해왔다.[39]

① 냉전과 핵 억지력의 현실

미국과 소련은 40여 년간 군비 경쟁을 지속했지만 양국 간 전면전은 단 한 번도 일어나지 않았다. 핵무기의 상호확증파괴(Mutually Assured Destruction, MAD) 전략은 군사력을 통해 전쟁을 억제할 수 있음을 보여주는 대표 사례다.[40]

② 현대 강대국 간 군비 경쟁 구조

오늘날에도 미국, 중국, 러시아 간의 군비 경쟁은 지속되고 있다.[41] 그러나 이들 간 직접 충돌은 아직까지 억제되고 있으며, 특히 핵 억지력과 경제적 상호의존성이 주요 요인으로 분석된다. 또한 북한의 핵무장은 단순한 도발 수단이 아니라 체제 보장을 위한 억지력 전략으로도 해석된다. 즉, 균형 있는 군사력은 전쟁을 촉진하기보다 오히려 억제하는 기능을 수행할 수 있다.

---

[39] Barry Buzan, *An Introduction to Strategic Studies: Military Technology and International Relations*, Macmillan, 1987.

[40] Thomas C. Schelling, *Arms and Influence*, Yale University Press, 1966.

[41] Congressional Research Service, "China's Economic and Military Influence," U.S. Congress, 2023.

2) "군사비 지출은 경제적 낭비다?"

군사비는 흔히 복지·교육과의 대립구도 속에서 '비생산적 지출'로 인식된다. 그러나 군사비는 국가 생존을 위한 투자이자, 기술 발전과 산업 성장의 촉진제가 될 수 있다.[42]

① 군사기술이 민간 혁신을 촉진한 사례

인터넷, GPS, 항공기술, 반도체 등은 모두 군사 연구에서 민간 기술로 전환된 대표 사례다.[43] 미국 국방고등연구계획국(DARPA)은 AI, 로봇공학, 무인 시스템 등에서 글로벌 혁신을 주도하고 있다. 이처럼 군사기술은 종종 첨단 민간산업을 태동시키는 모태가 된다.

② 방위산업의 수출과 경제 기여

대한민국은 K-9 자주포, FA-50 전투기, K2 전차 등을 수출하며 연간 수조 원의 방산 실적을 기록하고 있다.[44] 이스라엘의 경우, GDP 대비 방산 수출 비중이 5%를 넘으며 첨단무기 수출이 주력 산업군으로 부상하고 있다. 군사비는 단순 소비가 아니라 기술 혁신과 수출 증대의 기회 비용으로 작용한다.

---

[42] David C. Mowery & Nathan Rosenberg, *Technology and the Pursuit of Economic Growth*, Cambridge University Press, 1989.

[43] David C. Mowery & Nathan Rosenberg, *Paths of Innovation: Technological Change in 20th-Century America*, Cambridge University Press, 1998.

[44] 연합뉴스, "한국 방산 수출 2022년 173억 달러 '역대 최대' … K9·FA-50 등 수출 호조", 2023년 1월 4일.

3) 군사력이 부족하면 어떤 일이 벌어지는가?

'군사력 없는 평화'는 이상적이지만, 현실 국제사회는 아직도 힘의 비대칭 구조 위에 존재한다.[45] 실제로 군사력이 부족했던 국가들은 침공, 합병, 외교적 종속을 경험해왔다.

① 쿠웨이트(1990): 방어력 부재의 대가

이라크가 쿠웨이트를 침공했을 때, 쿠웨이트는 독자 방어 능력을 갖추지 못한 상태였다.[46] 단 48시간 만에 수도가 점령되었고, 미국 주도의 다국적군 개입 없이는 독립 유지가 어려웠을 것이다.

② 우크라이나(2014, 2022): 안보 취약국의 현실

2014년, 러시아는 크림반도를 무력으로 병합했고, 우크라이나는 이를 방어할 능력을 충분히 갖추지 못했다. 2022년 러시아의 전면 침공 당시에도 서방의 군사지원이 시작되기 전까지 초기 피해가 컸다는 평가가 지배적이다.[47]

이 사례들은 군사력이 부족하면 외교도, 주권도, 경제도 지켜낼 수 없다는 현실을 보여준다.

---

45   Zbigniew Brzezinski, *The Grand Chessboard: American Primacy and Its Geostrategic Imperatives*, Basic Books, 1997.

46   BBC News, "Kuwait invasion: 30 years on, how the Gulf crisis unfolded," January 2, 2020.

47   Royal United Services Institute (RUSI), "Lessons from Ukraine War," 2023.

4) 군사력은 전쟁이 아니라 '평화'를 유지하는 힘이다

아이러니하게도, 강한 군사력은 전쟁의 가능성을 낮추고 외교의 공간을 넓히는 역할을 한다.

① 평화 유지의 조건은 '힘의 억지력'

냉전 시기 미소 핵 균형은 대규모 전쟁을 억제했다. 이는 힘의 균형이 갈등을 관리하는 가장 효과적인 수단이라는 점을 보여준다.

② 외교 협상력의 기반도 군사력

군사력이 없는 국가는 협상에서도 약자의 위치에 놓이게 된다. 외교적 수사보다 군사적 능력이 더 강한 신뢰 자산이 되는 경우도 많다.

5) 군사력에 대한 오해는 국가전략을 흔든다

군사력은 단순히 '무기'가 아니다. 그것은 국가의 전략, 생존, 외교, 경제, 기술, 평화를 아우르는 핵심 기둥이다. 강한 군사력은 전쟁을 예방할 수 있으며, 기술혁신과 수출 산업의 기반이 된다. 군사력이 부족하면 외교·경제·주권 모두 위협받을 수 있다. 오늘날 국제사회는 여전히 힘의 균형 위에서 작동한다. 군사력은 그 현실을 인정하고, 미래의 평화와 생존을 설계하기 위한 최후의 방어선이다.

제2장

우크라이나 전쟁이 미치는 군사력의 변화

1. 20세기 이후 전면전의 가능성에 대한 오판
2. 상업용 드론(FPV, 민간 드론)의 군사적 개조
3. 우크라이나 전쟁이 남긴 군사력 변화의 메시지:
   드론이 바꾼 전쟁의 판도
4. 드론이 사용된 주요 전쟁 지도

1.
20세기 이후 전면전의 가능성에 대한 오판

냉전 종식 이후 국제사회는 '대규모 전면전은 더 이상 일어나지 않는다'는 믿음에 안주했다. 군비 감축과 정예화, 경제 상호의존의 심화는 전쟁 억제의 보증처럼 여겨졌으나, 러시아의 우크라이나 침공은 이러한 낙관이 얼마나 취약한 착각이었는지를 여실히 드러냈다.

서방의 감군과 안보 구조 개편은 오히려 전력 공백을 남겼고, 재래식 전면전의 가능성이 현실로 돌아왔다. 이에 따라 독일·프랑스를 비롯한 주요국들은 방위 패러다임을 전환하고 국방비를 확대하고 있다.

결국 '전면전의 종말'은 오판이었다. 오늘날의 국제정세는 여전히 힘의 균형 속에서 작동하며, 군사력은 전쟁의 원인이 아니라 평화를 지탱하는 필수 기반임을 다시 한번 확인시켜줬다.

1) "전면전은 더 이상 일어나지 않는다"는 믿음

1991년 냉전이 공식적으로 종료된 이후, 국제사회는 '강대국 간 전면전은 역사 속으로 사라졌다'는 낙관론에 빠져들었다.[1] 세계화와 경제적 상호 의존성이 깊어질수록, 국가 간 갈등은 무력 충돌보다는 외교적 협상, 제재, 경제 압박 등의 수단으로 조정될 것이라는 믿음이 확산되었다. 이러한 전망은 주요 서방 국가들의 국방전략과 예산 편성에도 결정적인 영향을 미쳤다. 미국과 유럽은 군사력보다 경제력과 외교력이 더욱 실효성 있는 힘이 될 것이라 판단했고, 이로 인해 대규모 병력과 재래식 전력 감축, 첨단기술 중심의 전력 전환이 가속화되었다.[2]

2) 냉전 이후 서방의 군사전략 변화: 군비 감축과 정예화 전략

미국, 독일, 프랑스, 영국 등은 냉전식 군사 체계를 축소하고 정밀무기, 사이버전, 드론 등 비대칭 전력 중심으로 전환했으며, 병력 규모도 대폭 감축되었다. 예를 들어, 독일은 1990년대 이후 군 병력을 절반 이하로 줄이며 집단안보 체제(NATO)에 더욱 의존하게 되었다.[3] 군수산업 또한 대

---

[1] Joseph Nye, *The Future of Power*, PublicAffairs, 2011.
[2] Stockholm International Peace Research Institute (SIPRI), "Post-Cold War Military Spending," 2022.
[3] German Federal Ministry of Defence, "White Paper on German Security Policy and the Future of the Bundeswehr," 2016.

량생산에서 소량·정밀 생산 체계로 전환되었으며, 징병제 폐지와 전문 군인제 확대가 이어졌다. 이러한 변화는 단순한 구조 개편을 넘어, '전면전은 불필요하다'는 전략적 전제 위에서 탄생한 결정들이었다.

3) 러시아의 우크라이나 침공: 현실의 충격

2022년 2월, 러시아의 우크라이나 침공은 이러한 낙관적 믿음을 산산조각 냈다. 냉전 이후 최대 규모의 재래식 전면전이 현실화되었고, 전차, 포병, 병참, 장기전이라는 용어들이 다시 국제 안보의 핵심 개념으로 부활했다.[4]

4) 서방의 반응: 방위 패러다임 전환

독일은 2022년 2월, 1,000억 유로 규모의 '특별방위기금(Sondervermögen)' 조성을 발표하며 전후 최대의 국방정책 전환을 선언했다.[5] 전차, 전투기, 군함 등 전통 전력의 대량 도입 계획을 수립하고, NATO 기준(GDP 대비 2%)을 넘는 국방 예산 목표를 제시했다. 프랑스, 폴란드, 영국 등도 국방비 증액 및 군수산업 재건에 나섰다.

---

4   Royal United Services Institute (RUSI), "The Ukraine Conflict and European Defence," 2022.
5   German Bundestag, "Approval of Special Defense Fund," 2022.

5) 국방비 증가: 세계적 흐름으로 확산

전면전 리스크 증대는 세계 국방비 구조에도 지각변동을 가져왔다.[6] 2023~2025년 사이, 전 세계의 국방비는 역사상 최고치를 경신하며 군사력 재정비에 나서고 있다.

- 전 세계 국방비 총액: 약 2조 2,400억 달러(2023)
- 미국: 2025년(8,950억 달러), 2026년(9,265억 달러 예정)
- 프랑스: 2024~2030년(총 4,000억 유로 투자 계획)
- 폴란드: 2025년 GDP 대비 4% 국방비 편성, NATO 회원국 중 최고 비율 목표
- 영국: GDP의 2.5%까지 확대 예정
- EU 전체: 최대 8,000억 유로의 방위 투자 패키지 논의
- 우크라이나: 자국 드론 생산을 연 400만 대 규모로 확대 계획

6) 왜 이 변화가 중요한가?: 세 가지 교훈

첫째, 경제 상호 의존은 전쟁을 막지 못했다. 국제 무역과 금융 연결망이 촘촘해졌음에도 불구하고, 강 대국 간 전면전은 여전히 현실적으로 가능함이 확인되었다.[7]

---

[6] SIPRI, "World Military Expenditure Data base 2023," 2023.

[7] World Economic Forum, "Global Risks Report 2022," 2022.

둘째, 정예화 전략은 장기전에 취약했다. 전투지속능력, 병참체계, 탄약 비축 등 '구시대적' 요소들이 재조명되었으며, 단순한 정예병 중심 구조는 지속적인 대규모 충돌에 취약함이 드러났다.

셋째, 재래식 전력이 복귀되었다. 기갑, 포병, 보병, 탄약, 병력 순환 시스템 등 전통적 전쟁 수단이 여전히 작동 중이며, 이를 뒷받침할 군수산업 인프라의 재건이 핵심과제로 떠올랐다.

7) '전면전의 종말'은 오판이었다

우크라이나 전쟁은 국제사회에 군사력의 재정의를 요구하고 있다. 전쟁은 끝난 것이 아니라 단지 다른 모습으로 대기 중일 뿐이었다. 이제 국가는 단순히 첨단기술만이 아닌 지속 가능한 총체적 군사력을 보유해야 한다는 점을 인식하고 있다.[8] "평화를 원한다면 전면전에 대비하라." 이 오래된 경구는 다시 유효해졌다.

---

8   RAND Corporation, "Lessons from Ukraine War," 2023.

2.
상업용 드론(FPV, 민간 드론)의 군사적 개조

상업용 드론의 군사적 개조는 전쟁의 양상을 근본적으로 바꾸고 있다. 민간 기술에서 비롯된 드론은 간단한 개조만으로 정찰, 폭탄 투하, 자폭 공격 등 다양한 임무를 수행하며, 과거 군 전용 장비가 독점하던 영역을 빠르게 대체하고 있다. 특히 상업용 FPV 드론은 저비용이면서도 즉흥적 전력 운용이 가능해, 장기전에 돌입한 국가들에게 현실적 대안으로 부상했다.

이러한 변화는 전장을 '비대칭 무기 경쟁의 무대'로 전환시키며 전자전, 통신 방해, 드론 방어체계(C-UAS) 구축 등 새로운 대응 기술의 필요성을 동시에 제기하고 있다. 결국 민간기술의 군사화는 단순한 장비 개조를 넘어, 전쟁의 비용 구조와 전략 개념 자체를 다시 쓰고 있다.

1) 민간 기술이 전쟁을 바꾸다

우크라이나 전쟁 등에서 민간용 드론이 군사적으로 개조되어 실전에서 운용되는 사례가 빠르게 확산되고 있다.[9] 원래는 항공 촬영이나 레저용으로 설계된 소형 드론이지만 간단한 개조를 통해 정찰, 폭탄 투하, 자폭 공격 등의 군사작전에 활용되며 전장의 양상을 변화시키고 있다.

상업용 드론의 군사무기화

---

9   CNA, "Drones Over Ukraine: Commercial Technologies in Combat," 2023.

특히, FPV(First-Person View) 드론과 상업용 촬영 드론 플랫폼은 대표적인 개조 대상이다. FPV 드론은 조종자가 1인칭 시점으로 실시간 조작이 가능해 빠른 속도로 목표물에 접근해 정밀타격을 수행할 수 있다. 상업용 촬영 드론은 우수한 영상 센서와 긴 비행 시간 덕분에 정찰 및 폭발물 투하에 활용되고 있다.

2) 비용 효율성과 즉흥성, 왜 상업용 드론인가?

군용 드론은 고가이며 생산·운용에 시간이 많이 소요된다. 반면, 상업용 드론은 수십만 원에서 수백만 원 수준의 비용으로 확보 가능하며, 민간 기술자도 개조에 참여할 수 있을 정도로 단순한 구조를 갖고 있다.[10] 이는 특히 장기전에서 소모를 감당하기 어려운 국가들에 매력적인 선택지가 된다.

① 저가 자폭 전력(FPV 드론)의 확산

FPV 드론은 자폭 드론(소위 '가미카제 드론')으로 가장 널리 활용되고 있다.[11]

- 작동 방식: 드론에 소형 폭발물을 장착한 뒤, 조종자가 실시간 영상을 통해 목표물에 돌진하도록 조종하여 직접 타격

10　Royal United Services Institute (RUSI), "The Role of Drones in the Ukraine Conflict," 2023.

11　Center for Strategic and International Studies (CSIS), "Drones Over Ukraine: Commercial Technologies in Combat," 2023.

- 효과: 방어가 취약한 장갑차 상부, 보병 진지, 이동 차량 등을 정밀 공격

기존의 고가 무기체계를 무력화하는 FPV 전술은 '저비용', '다수 운용' 전략의 핵심 무기로 평가된다. 기계화 전력이 많은 국가일수록 이 위협에 상대적으로 취약해진다.

현대전장에서 드론의 정찰·타격·지휘 활용

② 고성능 촬영 드론을 정찰과 폭탄 투하 자산으로 활용

중형급 상업용 촬영 드론은 정찰 플랫폼과 폭탄 투하 수단으로 널리 개조되고 있다.

- 대표적 개조: 수류탄이나 소형 폭발물 탑재 후 고도에서 목표 상공에 투하
- 특징: 고화질 영상으로 실시간 목표 식별 및 정밀 낙하 가능

이런 드론은 특히 참호 속 병력, 은폐된 거점, 차량 은닉처를 타격하는 데 효과적이며, 포병 사격 유도 등 다양한 정찰 임무에도 활용된다.[12]

③ 현장 제작의 민군 융합

우크라이나군은 크라우드펀딩을 통해 상업용 드론을 대량 확보하고 있으며, 민간 기술자와 자원봉사자들이 개조 작업에 참여하고 있다.[13] 일부 영상 전문가나 IT 종사자는 비행 제어 시스템, 영상 송출, 폭발물 장착 등 다양한 모듈 개조를 현장에서 담당하고 있다.

운용 유형으로는 다음과 같은 것들이 있다.

- FPV 드론: 자폭 공격
- 촬영 드론: 정찰·폭탄 낙하
- 기술 응전: 러시아군은 GPS 교란, 주파수 방해, RF 감지 등을 통해

---

12 Ibid.
13 Ibid.

대응 중

이에 대응해 우크라이나 측은 주파수 변경, 신호 암호화, 통신방식 다변화 등을 적용하며 전자전 방어 능력을 강화하고 있다.

④ 대량 소비형 전력의 등장이라는 전략 변화

상업용 드론의 군사적 전용은 단순한 보조전력이 아니라 현대 전장에서 '대량 소모형 전력'이라는 새로운 전략 모델을 촉진하고 있다.

- 대량 조달 가능, 단위당 손실 부담 적음
- 특정 고가 무기 대비 전술 유연성 확보
- 민간기술 기반으로 접근 장벽이 낮음

일부 국가에서는 전용 FPV 드론 부대 및 드론 공격 연대 편성을 검토 중이다.[14]

3) 저비용 고위협의 시대

상업용 드론의 군사적 전용은 전장에 '비대칭 무기'의 새로운 지평을 열고 있다. 민간 기술이 전투력으로 전환되는 속도는 점점 더 빨라지고 있

---

14 RAND Corporation, "Small Uncrewed Aircraft Systems in Divisional Brigades," 2023.

으며, 드론 하나하나가 군사력의 유연성과 기동성을 결정짓는 변수로 부상하고 있다. 향후 전쟁은 전자전, 통신 방해, 드론 방어체계를 포함한 전장 통제 기술이 핵심 요소가 될 가능성이 높다.[15] 각국은 드론 개조 저지체계(C-UAS) 및 표준화된 전자전 대응 매뉴얼 마련이 필수적인 시점에 접어들었다.

---

15 Department of Defense, "Strategy for Countering Unmanned Systems," 2024.

3.
우크라이나 전쟁이 남긴 군사력 변화의 메시지: 드론이 바꾼 전쟁의 판도

　우크라이나 전쟁은 단순한 국지적 충돌이 아니라 21세기 군사 패러다임의 전환을 보여주는 역사적 분기점이 되었다.[16] 과거 전쟁은 대규모 병력, 전차, 포병, 공군력 등 '중후장대'식 전력 중심으로 평가되었지만, 이번 전쟁에서는 드론, 사이버전, 정보전이 결합된 비대칭 전쟁과 기술 기반 전술이 핵심을 이루었다.[17] 특히 드론의 전방위적 활용은 현대 군사력 구성과 운용 방식 자체에 근본적인 질문을 던지고 있다.

16　Royal United Services Institute (RUSI), "The Role of Drones in the Ukraine Conflict," 2023.
17　Australian Army Research Centre, "How are Drones Changing Modern Warfare?," 2024.

1) 군사력 개념의 변화

우크라이나 전쟁은 군사력의 기준이 병력의 양과 무기 보유량에서 기술 융합과 운용 효율성으로 이동하고 있음을 상징적으로 보여준다.[18]

기존의 전차와 포병보다 소형·정밀·저비용 드론의 전술적 가치가 더 큰 효과를 거두고 있다. 정찰, 공격, 전자전 등 다양한 역할을 수행하는 드론은 더 이상 보조전력이 아니라 '주력 전력'의 일부로 자리매김하고 있다.

병력 중심 전장에서 기술 중심 전장으로

---

18 International Institute for Strategic Studies (IISS), *The Military Balance 2023*, Routledge, 2023.

2) 전통적 전력 vs. 드론 전력의 대결 구도

초기 러시아군은 전통적 기갑 전력 중심의 전격전을 시도했지만, 우크라이나군의 드론 전술에 의해 심각한 저지를 당했다.[19]

- 전차 vs. 자폭 드론: 소형 자폭 드론이 전차 상부 취약 부위를 타격해 기동을 차단
- 포병 vs. 드론 타격: 정찰 드론이 좌표를 식별하고 직접 소형 탄두를 투하함으로써 포병의 간접 지원 없이도 타격 가능
- 방공망 vs. 군집 드론: 고가 방공체계는 대규모 드론 군집에 효과적 대응이 어려워 '방공의 포화 현상'이 빈번하게 발생

이러한 사례들은 기존 무기체계가 소형·저비용 기술에 의해 무력화될 수 있음을 실증한 것이다.

민간 드론의 활용 사례

---

19 Reuters, "In villages near Kyiv, how Ukraine has kept Russia's army at bay," March 29, 2022.

3) 비대칭 전력의 부상, 기술로 전통 전력을 제압하다

우크라이나 전쟁은 상대적으로 열세인 국가가 기술 기반 전력으로 강대국을 효과적으로 저지할 수 있음을 보여주었다.[20]

- 저가 드론 개조를 통한 전술 자립: 상업용 드론 개조를 통해 공세·정찰 임무를 수행했다.
- 통신망 유지와 사이버 대응: 러시아의 사이버 공격에도 우크라이나는 상업용 위성 인터넷을 활용해 지휘체계를 유지했다.
- AI·네트워크 중심전(NCW)의 실험장: 다양한 AI 기반 정보 통제 시스템, 네트워크 기반 작전이 실전에서 시험되며, 전장 자동화가 본격화되고 있다.

비대칭 전력과 기술 융합은 기존의 물량 위주 군사력 개념을 근본적으로 재구성하고 있다.

4) 장기전에 대응하는 '군수 지속력'의 결정적 역할

이번 전쟁은 단기 전격전이 아닌 장기 소모전으로 진행되면서, 전력 보유량뿐 아니라 지속 생산력과 병참력이 군사력 유지의 핵심 요소로 부

---

20 RAND Corporation, "Emerging Technologies in Modern Warfare," 2023.

상했다.[21]

- 러시아의 병참 교착: 탄약·연료·보급망 부족으로 초기 공세 실패
- 서방의 군수산업 재가동: NATO 회원국들은 탄약·장갑차·미사일 생산 확대를 위해 군수산업 구조를 전시체제로 전환 중

독일, 프랑스, 미국 등은 군사력 유지를 위한 생산 능력 강화에 집중하고 있다.

5) 드론과 기술이 주도하는 군사력의 미래

우크라이나 전쟁은 현대 전쟁의 3대 패러다임의 전환을 명확히 보여준다. 첫째, 드론 중심 전력 구성이다. 드론이 단순한 감시 도구를 넘어 정밀타격과 지휘통제의 핵심으로 부상했다. 둘째, 군수 생산능력의 군사력화다. 전력은 보유보다 '지속 가능성'에 의해 평가되는 시대로 전환되었다. 셋째, 기술이 만드는 비대칭 우위다. 첨단기술 운용 능력(AI, 위성통신, 전자전 대응 등)이 미래 전장의 전략 자산으로 부상했다. 앞으로의 군사력 논의는 단순히 국방비 총액이나 병력 규모가 아니라 기술 응용력과 전시 지속성을 중심으로 재편될 것이다. 우크라이나 전쟁은 바로 그 서막을 보여준 전쟁이었다.

---

21 Stockholm International Peace Research Institute (SIPRI), "Global Military Expenditure Report," 2023.

4.
드론이 사용된 주요 전쟁 지도

21세기 이후 전쟁의 양상은 전통적 전면전에서 기술 기반의 비대칭전으로 전환되고 있다.[22] 특히 드론의 등장은 전장의 전략과 전술을 전례 없이 빠르게 변화시키는 핵심 요인 중 하나다. 정찰, 타격, 전자전, 병참 보급 등 다양한 임무를 수행할 수 있는 드론은, 기존의 고비용 무기체계를 대체하거나 보완하면서 저비용·고효율 전력의 대표 주자로 부상하고 있다. 이 절에서는 우크라이나 전쟁 외의 주요 사례들을 중심으로 드론이 실제 전쟁에 미친 영향과 의미를 살펴본다.

---

22 Center for Strategic and International Studies (CSIS), "Drones and the Future of Warfare: A Changing Landscape," 2022.

주요 사례	충돌 국가	주요 운용 드론
러시아-우크라이나 전쟁	우크라이나, 러시아	바이락타르 TB2, 샤헤드-136, DJI FPV 드론
카라바흐 전쟁	아제르바이잔, 아르메니아	바이락타르 TB2, 하로프 (자폭 드론)
예멘 내전	예멘, 사우디아라비아	샤헤드-136, 카세프-1 (이란제 드론)
시리아 내전	시리아, 튀르키예, 러시아	바이락타르 TB2, 오를란-10, 이란제 드론
리비아 내전	리비아, 튀르키예, UAE	바이락타르 TB2, 윙룽-2 (중국제 드론)

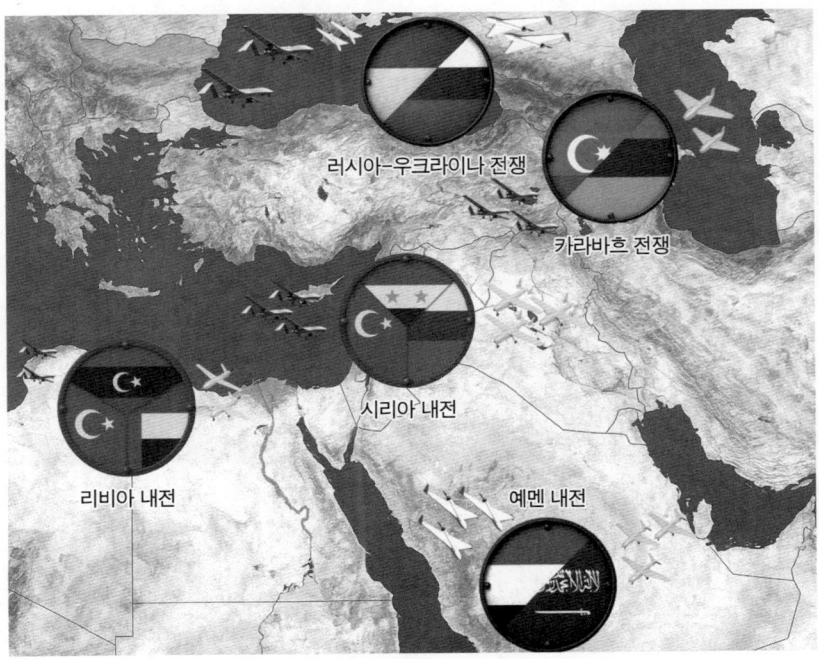

21세기 드론이 사용된 주요 전장

제2장. 우크라이나 전쟁이 미치는 군사력의 변화

① 나고르노 - 카라바흐 전쟁(2020): 드론이 승패를 가른 전쟁

2020년 아제르바이잔과 아르메니아 간의 나고르노-카라바흐 전쟁에서 드론은 전투의 판도를 결정짓는 핵심 전력으로 부상했다.[23] 아제르바이잔은 튀르키예제 바이락타르 TB2 무인기와 이스라엘제 하로프(자폭형 드론)를 집중 운용하며 아르메니아의 전통적 군사력을 압도했다. 바이락타르 TB2는 아르메니아군의 방공망과 기갑 전력을 선제적으로 타격하며 작전 우위를 확보했다. 하로프 드론은 방공 레이더 탐지 후 자폭 공격을 수행해, 지휘통신시설과 레이더 기반 방어체계를 무력화했다. 이 전쟁은 드론이 공군력의 일부 기능을 대체하며 제한된 자원으로도 강력한 전략 효과를 낼 수 있다는 점을 세계에 입증한 사례였다.

드론을 활용한 기갑 전력과 방공레이더 공격

---

[23] Uzi Rubin, "The Second Nagorno-Karabakh War: A Milestone in Military Affairs," Begin-Sadat Center for Strategic Studies, December 2020.

② 예멘 내전: 저비용 드론의 전략적 전환

예멘 내전에서 후티 반군은 이란의 지원 아래 저비용 드론을 활용해 사우디아라비아 및 아랍 연합의 군사·경제 인프라에 타격을 가했다.[24] 샤헤드(Shahed)-136 자폭 드론은 사우디의 정유시설과 공항 등 전략 자산에 대한 장거리 공격에 사용되었다. 카세프-1 전술 드론은 전장 근접공격과 정찰 임무에 투입되어 비정규군의 기동성을 크게 향상시켰다. 사우디는 고가의 페트리엇 시스템 등으로 대응했으나 소형 드론의 다중 공격에는 대응이 어려웠다는 평가가 있다.

드론을 활용한 전략자산 공격 및 정찰

③ 시리아 내전: 국가 간 드론 기술 경쟁의 실험장

시리아 내전에서는 여러 강대국이 드론을 투입해 비공식적 세력 균형 조정에 나섰다.[25] 튀르키예는 바이락타르 TB2를 통해 시리아 정부군의 전차,

---

24 United Nations Security Council, Resolution2624(2022), UnitedNations, 28 February 2022.
25 RAND Corporation, "Drone-Era Warfare Shows the Operational Limits of Air Defense Systems," 2020.

드론을 활용한 공격과 정찰 및 전자전

포진지 등을 타격하며 반군을 지원했다. 러시아는 오를란-10 드론을 정찰 및 전자전 목적으로 운용하여 정부군 작전의 효율성을 강화했다. 드론은 공중 우세 확보보다는 정찰 및 표적 지휘에서 중심적 역할을 수행했으며, 드론 간 전면 충돌보다 정보 기반 전쟁의 양상으로 나타났다.

④ 리비아 내전: 드론이 대리전을 이끈 사례

리비아 내전은 드론 전쟁의 국제화 가능성을 보여준 대표적 사례다.[26] 튀르키예와 아랍에미리트(UAE)는 각각 리비아 내 상반된 세력(GNA, LNA)에 드론을 제공하며 본격적인 대리전을 벌였다. 튀르키예는 리비아 통합정부(GNA)에 바이락타르 TB2를 제공해 공중 정밀타격을 수행했다. UAE는 LNA(반군)에 중국제 윙룽-2 드론을 공급하여 정찰 및 타격을 동시에 수행했다. 이 과정에서 드론 간 공중전까지 벌어지며, 드론 전력 간 충돌이 실전에

---

26 Stockholm International Peace Research Institute (SIPRI), "Armed Drones and the Future of War," 2021.

서 발생한 초기 사례로 기록되었다. 이 전쟁은 탐지·요격·방공 능력의 중요성과 드론 대응체계의 한계를 드러냈다.

5) 드론 전쟁이 남긴 교훈

이러한 전쟁 사례들은 드론이 단순 보조전력이 아닌, 전쟁 전체를 좌우할 수 있는 결정적 무기로 전환되고 있음을 보여준다.

- 전장 다목적성 확대: 드론은 정찰, 타격, 병참, 심리전 등 전방위 임무에 적합한 유연한 플랫폼으로 자리 잡았다.
- 비정규군의 전략적 무기화: 드론은 비정규군과 소규모 무장세력에게도 실질적 전력 효과를 제공하며, 전장의 비대칭성을 심화시킨다.
- 방공체계의 패러다임 전환: 고가의 방공 시스템은 소형·다중 드론 공격에 대한 대응력이 제한적이며, 새로운 탐지 및 요격 기술이 절실하다.
- AI 기반 전자전 대비 역량 확보: 향후 드론 전쟁 시대는 AI 자율화, 데이터 융합, 네트워크 전투로의 전환을 요구한다.[27]

따라서 향후 분쟁에서는 드론과 기존 무기체계의 통합운용, 그리고

---

27 NATO, "Artificial Intelligence for Military Multiple Sensor Fusion Engines," NATO Science and Technology Organization, 2021.

자율화 기술의 진전 여부가 전쟁 수행 양상을 결정짓는 핵심 변수가 될 것이다.

제3장

드론의 역사와 사회에서의 사용

1. 드론이란?   2. 드론의 산업별 활용과 경제적 효과
3. 드론의 법적 및 윤리적 논란   4. 드론의 군사 여정

1.
드론이란?

    드론은 조종사가 탑승하지 않고 원격 또는 자율 비행으로 임무를 수행하는 무인항공체로, 이제는 무인비행체라는 단순한 의미를 넘어 지속적으로 운용과 임무수행을 병행하는 '지능형 플랫폼'으로 진화하고 있다. 군사 분야뿐만 아니라 치안·재난 현장의 드론 역시 모두 이 범주 안에서 활용되고 진화하고 있다고 봐야 한다. 그 비행은 양력과 추진력의 균형으로 유지되며, 구조에 따라 고정익·회전익·멀티콥터·틸트로터 등으로 구분된다.

    오늘날 드론은 군사 분야뿐 아니라 상업, 과학, 재난 대응 등 전 영역으로 확산되고 있지만, 여전히 기술적 제약과 환경적 변수가 존재한다. 이를 극복하기 위해 고효율 배터리와 자동 충전, 자율비행 기술이 빠르게 발전하고 있으며, 드론은 단순한 무인비행체를 넘어 지속 운용과 임무 수행을 병행하는 '지능형 플랫폼'으로 진화하고 있다.

1) 드론의 개념과 정의

드론(Drone)은 일반적으로 무인 항공기를 의미하며, 기술 용어로는 UAV(Unmanned Aerial Vehicle) 혹은 UAS(Unmanned Aerial System)라고 불린다.[1] 조종사가 직접 탑승하지 않고 원격 조종 또는 자율 비행 시스템을 통해 운용되는 것이 핵심 특징이다. '드론'이라는 단어는 본래 수컷 벌의 윙윙거리는 소리에서 유래한 표현으로, 1930년대 영국이 개발한 무인 표적기 DH.82B 퀸 비(Queen Bee)가 처음으로 공식적으로 사용되었다.[2]

초기의 드론은 정찰 및 훈련용 목표물로 사용되었으나, 21세기 이후 정보통신기술(ICT), 인공지능(AI), 위성항법시스템(GNSS), 고성능 센서 등의 발전에 힘입어 민간·산업·군사 영역 전반으로 활용 범위가 급속히 확대되었다.[3] 현재는 재난 대응, 물류 배송, 스마트 농업, 구조 활동, 도심 감시, 우주 탐사 등에서 실용화되고 있으며, 그 형태와 용도도 세분화되고 있다.

1　U.S. Federal Aviation Administration (FAA), "What is a Drone?," 2022.

2　Royal Air Force Museum, "History of the Queen Bee Drone," 2020.

3　U.S. Department of Defense, "Unmanned Systems Integrated Roadmap 2017-2042," U.S. Department of Defense, 2017.

2) 드론의 비행 원리와 분류

드론은 기본적으로 양력(Lift), 추진력(Thrust), 중력(Gravity), 항력(Drag)의 네 가지 힘이 균형을 이루는 원리로 비행한다.[4] 각 물리적 힘의 상호작용은 드론의 비행 지속성, 속도, 안정성, 조작성에 결정적인 영향을 준다.

- 양력(Lift): 드론이 공중에 머무르게 하는 힘으로, 회전익은 프로펠러, 고정익은 날개의 기류 차이를 통해 발전시킨다.
- 추진력(Thrust): 드론을 전후방 및 수직으로 움직이는 동력으로 주로 모터와 프로펠러의 회전으로 형성된다.
- 중력(Gravity): 지구 중심 방향으로 작용하는 중력으로, 드론의 총중량에 비례하며 비행 시간의 한계를 설정한다.

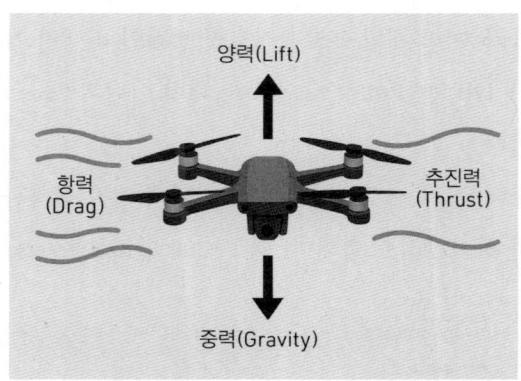

드론 비행의 4대 기본 힘

---

[4] NASA Glenn Research Center, "Four Forces on an Airplane," 2021.

- 항력(Drag): 공기 저항에 의해 발생하는 반작용으로, 드론의 속도와 모양에 따라 달라진다.

이러한 원리를 바탕으로 드론은 구조 및 임무 형태에 따라 다음과 같이 분류된다.

- 고정익 드론: 비행기 형태의 날개를 통해 양력을 발생시키며 장거리 비행에 유리하다. 대표 기종으로는 RQ-4 글로벌 호크(Global Hawk), 보잉 스캔이글(Boeing ScanEagle) 등이 있다.
- 회전익 드론: 헬리콥터처럼 프로펠러를 회전시켜 양력과 추진력을 동시에 발생시킨다. 대표 기종으로는 DJI 매트리스 300 RTK(DJI Matrice 300 RTK), 쉬벨 S-100 캠콥터(Schiebel S-100 Camcopter)가 있다.
- 멀티콥터: 여러 개의 프로펠러로 안정적인 비행이 가능한 소형 드론이다. DJI 팬텀 4(DJI Phantom 4), 패럿 아나피(Parrot Anafi) 등이 대표적이다.
- 틸트로터 드론: 프로펠러 각도를 바꿔 수직 이착륙과 수평 비행이 가능한 하이브리드 형태다. 벨 V-280 밸러(Bell V-280 Valor)가 대표

드론의 분류: 고정익, 회전익, 멀티콥터, 틸트로이터, 자폭드론 형상도(좌측부터)

적이다.[5]
- 자폭형 드론(Loitering Munition): 목표물을 탐지하고 자율적으로 공격하는 전술형 드론으로, 최근 각국 군대에서 사용 중이다. 예로는 이란의 샤헤드-136, 이스라엘의 하피(Harpy)가 있다.

3) 드론 추락 원인은 무엇인가?

드론은 기체 구조가 단순하고 기동성이 뛰어나지만 추락 위험이 상존한다.[6] 대표적인 원인은 다음과 같다.

드론의 주요 추락 원인

5　Bell Textron, "V-280 Valor," 2023.
6　FAA, "UAS Accident and Incident Data," 2022.

- 배터리 방전 및 과열
- GPS 신호 상실
- 강풍, 눈, 비 등 악기상
- 조종자 실수 또는 시스템 오류
- 고압 전선이나 자기장 간섭
- 조류 충돌(Bird Strike)

미국 FAA(연방항공청)의 2022년 무인항공기 안전 보고서에 따르면 조류 충돌 관련 사고 보고는 연간 약 1만 건 이상으로 집계되고 있다.

4) 드론 배터리와 자동 충전 시스템의 발전

현재 드론에서 가장 보편적으로 사용되는 배터리는 다음 네 가지로 구분된다.

- 리튬폴리머(Li-Po): 높은 전력 밀도를 가진 경량 배터리로, 소형 드론에 널리 사용되며 비행 시간은 15~60분 수준이다.
- 리튬이온(Li-Ion): 에너지 효율이 높고 수명이 길지만 순간 출력은 낮아 중형 드론에서 주로 사용된다. 비행 시간은 1~2시간 수준이다.
- 수소 연료전지: 장시간 체공이 가능한 방식으로, 두산모빌리티이노베이션의 DS30 모델은 최대 2시간의 비행이 가능하다.[7]

---

7 두산모빌리티이노베이션, "DS30W 제품 브로셔", 2023.

- 태양광 패널: 자가 발전이 가능해 무제한 비행의 가능성을 제시하며, 에어버스 제퍼(Zephyr)는 2022년 기준 64일 연속 비행 기록을 보유하고 있다.[8]

5) 자동 충전 및 미래 기술

드론의 운용 효율을 높이기 위한 자동 충전 기술도 빠르게 발전하고 있다. 아마존, DJI 등은 자동 착륙 후 충전하는 드론 스테이션을 테스트 진행하며, 드론의 자동화된 운영을 지원하고 있다. 레이저 기반 무선충전 시스템은 최근 기술 발전에 따라 각광받고 있다. 이러한 기술은 향후 드론이 끊임없는 감시, 정찰, 물류 운송을 수행하는 데 핵심 인프라가 될 것으로 평가된다.

---

[8] Airbus, "Zephyr Program," 2023.

2.
드론의 산업별 활용과 경제적 효과

드론 기술은 21세기 산업 구조의 패러다임 전환을 이끄는 핵심 도구 중 하나로 자리 잡고 있다. 초기에는 군사 및 감시 목적에 한정되어 있었지만, 현재는 물류, 농업, 건설, 재난 구조, 보안 감시, 방송 및 촬영, 환경 보호, 에너지 산업, 우주 탐사 등 다양한 분야에서 광범위하게 활용되고 있다. 이러한 확장은 단순한 기술 도입을 넘어 산업의 효율성을 극대화하고 비용을 절감하며, 궁극적으로는 새로운 시장을 창출하는 데 크게 기여하고 있다. 글로벌 회계 컨설팅 기업 PwC는 2016년 보고서(Clarity from Above)를 통해 드론이 산업에 미치는 영향을 구체적으로 분석하며 그 경제적 잠재력을 강조했다.[9]

---

9   PwC, "Clarity from Above," 2016.

다양한 산업현장에 활용되는 드론

1) 물류 및 배송 혁신

공중 물류의 새 시대에 드론은 전통적인 지상 물류 시스템을 보완하고 있으며, 특히 도심 혼잡지역과 도로 접근이 어려운 오지에서 효율적인 운송수단으로 주목받고 있다.

① 드론 배송의 장점
- 빠른 배송: 도심 내 단거리 배송은 물론, 긴급 상황에서 30분 이내 도착이 가능하다.

- 비용 절감: 인건비 및 차량 유지 비용을 줄여 기업의 물류 운영비를 대폭 절감할 수 있다.
- 긴급 대응력: 재난 발생 시 도로가 단절된 지역에도 의료품과 식량 등을 전달할 수 있다.

② 드론 물류 서비스 사례

- 아마존 프라임 에어(Prime Air): 드론을 이용해 긴급 상황에서는 고객에게 30분 이내에 소포를 전달하는 서비스로,[10] 미국 FAA의 시험 운영 허가를 받아 상용화 준비 중이다.
- 구글 윙(Google Wing): 호주와 미국 일부 지역에서 커피, 약품, 식료품 등을 드론으로 배달하는 실험적 서비스를 운영 중이다.
- UPS 플라이트 포워드(UPS Flight Forward): 의료기관 간 혈액 및 검체를 드론으로 운송하는 서비스로, 기존 운송 시간 대비 약 50%가 절감되는 효과를 확인했다.
- 집라인(Zipline): 아프리카 르완다에서 시작된 이 서비스는 드론으로 혈액과 백신을 오지 병원에 공급해 보건 접근성을 크게 개선했다.[11]

---

[10] Amazon News, "Prime Air drone deliveries are taking flight," June 2023.

[11] Zipline Official Website, "How Zipline Delivers Medical Supplies by Drone," 2023.

2) 농업과 환경 보호

스마트 농업과 지속 가능한 미래 농업 분야에서는 드론이 전통적인 노동집약적 방식에서 벗어나 데이터 기반의 정밀 농업으로의 전환을 주도하고 있다.

① 농업에서 드론 활용의 장점

- 정밀 농업(Precision Agriculture): NDVI 센서 탑재 드론은 작물 생육 상태를 실시간으로 분석하여 병해충 예측 및 맞춤형 비료 살포가 가능하다.
- 농약 살포의 효율화: 드론을 통한 고도 분무는 농약을 균일하게 뿌릴 수 있으며, 노동력 부족과 안전 문제를 동시에 해결한다.
- 수확량 예측 및 작황 관리: AI 기반 분석 시스템과 결합해 드론 영상만으로 수확량 예측이 가능해지고 있다.

② 활용 사례

- 일본 야마하(Yamaha) RMAX: 농약 살포용 드론으로 노동력 부족 문제를 해결하며 농촌 고령화에 대응한다.
- 미국 대형농장: 존디어(John Deere)와 협력해 위성 데이터와 드론 영상을 통합 분석하여 최적의 파종·수확 시기를 도출한다.[12]
- 한국 정부 지원 사례: 농림축산식품부는 중소 농가에 농업용 드론

12　John Deere Official Website, "Precision Ag Technology Overview," 2022.

보급을 확대하고 있으며, 농협과 협력한 스마트 농업 플랫폼도 추진 중이다.

3) 재난 구조 및 보안 감시

생명을 구하는 기술을 지닌 드론은 재난 상황에서의 구조 활동, 실종자 수색, 대형 화재 감시 등에 있어서 기존의 인력 중심 대응방식을 대체하거나 보완하고 있다.

① 재난 구조 활용

- 열 감지 드론: 산악 실종자 수색, 해상 조난자 탐색 등에 적외선 감지 센서를 탑재한 드론 활용
- 산불 예측: 화재 발생지점 주변의 온도 분포를 분석해 확산 방향을 실시간 예측
- 긴급 구호물자 전달: 지진이나 홍수로 인해 차량 접근이 어려운 지역에 의약품, 생수 등 신속한 공급 가능

② 보안 및 치안

- 경찰 드론 활용: 집회 시위 감시, 교통혼잡 분석, 용의자 추적, 인질 상황 모니터링 등 실시간 대응체계 구축
- 주요 기반시설 감시: 원자력발전소, 공항, 항만 등에 대한 정기 감시를 드론이 대체함으로써 보안 강화

③ 실제 사례

- 이스라엘 보안 당국: 가자지구 인근 지역의 국경 감시 및 로켓 발사 감지에 드론을 실시간으로 운용
- 미국 산불 대응: 캘리포니아 주정부는 정찰용 드론을 산불 발생 초기단계 감지 및 상황 분석에 활용

4) 건설 및 인프라 점검

스마트시티의 핵심 도구 건설현장과 대규모 인프라 점검에서도 드론은 기존의 시간·인력·비용 한계를 극복하는 역할을 수행하고 있다.

① 건설 분야 활용

- 현장 3D 매핑: 드론을 활용해 공사 전후 현장의 입체지도를 생성하고 시공 오차를 사전 예방
- 고층 구조물 점검: 고층건물 외벽, 고가도로, 송전탑 등 접근이 어려운 구조물 상태 점검에 이용
- 지반 분석: 굴착지역 및 지하공간의 안전성 분석을 드론 데이터 기반으로 자동화

② 사례

- 두바이 스마트시티 프로젝트: 'Dubai Program to Enable Drone Transportation'을 통해 드론 기반 운송과 모니터링 시스템을 구축

하며, 물류·교통·안전 관리에 드론을 활용[13]
- 미국 GE 전력 사례: 송전선, 변전소 등 에너지 인프라 점검에 드론을 활용하여 점검 시간을 70% 단축

5) 방송 및 영상 촬영산업

공중 시점의 혁신 영상 콘텐츠의 질적 향상과 제작비용 절감을 동시에 달성할 수 있게 되면서 드론은 영상 산업의 핵심 도구가 되었다.

① 장점

- 저비용 고효율 항공촬영: 기존 헬리콥터 대비 1/10 이하의 비용으로 고화질 영상 촬영 가능
- 창의적 촬영 각도 구현: 지상과 공중, 실내외를 자유롭게 넘나드는 촬영 가능

② 사례

- 할리우드 영화 〈007 스펙터〉, 〈패스트 & 퓨리어스〉: 대규모 추격 장면과 고공 촬영에 적극 활용
- 스포츠 중계: 올림픽 경기, 사이클·마라톤 등 종목에서 드론을 통한 입체적 영상 제공

---

[13] Dubai Future Foundation, "Dubai Program to Enable Drone Transportation," November 20, 2021, Government of Dubai.

- BBC 다큐멘터리 〈지구의 신비〉 시리즈: 드론으로 촬영이 불가능했던 극지방 및 열대우림 생태계 촬영 성공

6) 우주 탐사 및 미래 드론 기술

드론 기술은 지구를 넘어 우주 영역에서도 미래 탐사의 핵심 수단으로 떠오르고 있다. NASA와 유럽우주국(ESA)은 AI 기반 자율비행 드론을 화성, 달 등의 행성 탐사에 활용하고 있다.

① 대표 사례

- NASA 인제뉴어티: 2021년 화성 탐사 임무에서 자율 비행에 성공한 첫 항공체[14]
- ESA 달 탐사 드론: 달 표면 자율 탐사 및 자원 탐색 임무를 위한 드론 플랫폼 개발 진행 중
- 국제우주정거장(ISS): 내부 점검 및 정비 보조를 위한 무중력 환경 드론 시스템 실험 중

이처럼 드론 산업은 단순한 기술 도입을 넘어 국가 경쟁력과 산업 생산성을 결정짓는 중추 분야로 부상하고 있다. 글로벌 드론 시장 규모는 2030년까지 약 1,636억 달러로 성장할 것으로 전망된다.[15] 관련 산업 생태

---

14 NASA, "Ingenuity Mars Helicopter Mission," April 19, 2021.
15 MarketsandMarkets, "Drone Market by Application and Region – Forecast to 2025," 2022.

계에서 창출될 일자리는 약 100만 개 이상으로 추산되며, 제조, 정비, 데이터 분석, 운용 등 다양한 분야로 분화되고 있다. 드론 도입으로 산업별 생산성이 평균 50% 이상 향상되었다는 분석도 있다.

이제 드론은 산업을 넘어 일상의 혁신 도구로 진화하고 있다. 단순한 항공기 기술을 넘어 인공지능, 데이터 분석, 자동화 기술이 융합되며, 드론은 미래 산업의 경쟁력을 좌우할 핵심 요소로 자리매김하고 있다. 향후에는 드론과 로봇, 자율주행, 6G 통신 기술의 결합을 통해 더 넓은 영역에서 산업 혁신을 주도할 것으로 전망된다.

3. 드론의 법적 및 윤리적 논란

드론 기술의 발전은 산업과 군사 분야에서 눈부신 성과를 내고 있지만, 그에 따른 법적·윤리적 문제와 보안 위험도 함께 증가하고 있다. 이 절에서는 드론이 야기하는 대표적인 문제들과 이에 대한 제도적·기술적 대응방안을 분석적으로 살펴본다. 기술은 항상 사회적 영향력과 함께 발전해왔으며, 드론 역시 이러한 흐름에서 자유롭지 않다.

드론으로 인해 발생되는 문제 및 위협

1) 개인 프라이버시 침해

하늘 위의 감시자 드론에는 고해상도 카메라와 열화상 센서, GPS 추적 시스템 등이 장착되어 있어 특정인을 식별하고 추적하는 데 사용될 수 있다. 이는 도시 밀집지역이나 공공장소에서의 불법촬영 문제로 이어질 가능성이 높으며, 사생활 침해 우려가 끊임없이 제기되고 있다. 예컨대, 유럽연합은 '일반정보보호규정(GDPR)'에 따라 드론을 통한 영상 수집이 개인정보 침해 행위로 규정될 수 있으며[16], 국가별로 드론의 사생활 침해 방지를 위한 지침을 마련하고 있다.

그러나 기술의 발전 속도가 법과 제도를 앞서고 있기 때문에 사각지대가 여전히 존재한다. 국내에서도 사생활 침해 민원이 꾸준히 증가[17]하고 있으며, 드론 촬영을 둘러싼 법적 분쟁도 발생하고 있다. 이에 따라 사적 공간 상공 비행에 대한 규제 강화와 명확한 가이드라인 설정이 시급하다.

2) 안전 사고

드론이 추락하거나 충돌할 경우 보행자, 차량, 건축물에 물리적 피해를 줄 수 있으며, 공항 인근에서의 비행은 항공 안전에 중대한 위협이 된다. 상업용 항공기와 드론 간 충돌이나 근접 비행 사례는 전 세계적으로

---

[16] European Commission, Regulation (EU) 2016/679 – General Data Protection Regulation (GDPR), April 27, 2016, Official Journal of the European Union.

[17] 한국인터넷진흥원(KISA), "2022 개인정보보호 동향 보고서 VOL9 (9월호): 드론 이용 확산에 따른 개인정보보호 이슈 분석", 2022년 9월.

여러 건 보고되고 있으며, 이는 항공 안전에 중대한 위협이 된다.[18] 실제로 칠레에서는 해군 헬기와 상업용 드론이 충돌해 항공기의 조종 계통이 손상되는 사고가 발생했고, 유사 사례는 캐나다, 인도, 한국 등지에서도 보고되고 있다.

이와 같은 사고는 드론 사용자의 비전문성과 규제 미비, 비인가 비행 때문인 경우가 많다. 특히 레저용 드론의 대중화는 공공 안전과 직결되는 문제를 야기할 수 있으며, 따라서 드론 운용자격의 강화와 지역제한 비행 제도의 확대가 필요하다.

3) 보안 위협

무기로 변할 가능성이 높은 드론은 이제 이론적 우려를 넘어 현실적인 위험으로 다가오고 있다. 2018년 베네수엘라에서는 대통령 암살 시도[19]로 드론을 활용한 폭발물 공격이 발생했으며, 시리아, 이라크 등 중동지역에서는 소형 드론에 소이탄이나 수류탄을 장착한 테러 행위가 지속적으로 보고되고 있다. 국내에서도 주요 군사기지 주변에서의 미확인 드론 출현 건수가 증가하고 있으며, 이에 따라 군·경 합동의 감시 및 요격 체계가 강화되고 있다.

특히 드론은 비군사조직이나 테러 단체, 심지어 개인에 의해서도 손쉽게 개조될 수 있다는 점에서 그 위험성이 크다. 따라서 각국 정부는 드

---

18 Wikipedia, "List of unmanned aerial vehicle-related incidents," accessed 10 August 2025.

19 BBC News, "Venezuela drone 'attack' against Maduro," August 4, 2018.

론 등록제와 비행 허가제, 실시간 비행감시 시스템 등을 도입하고 있으며, 기술적으로는 드론 탐지 레이더 및 전자파 교란 장비의 배치도 확대되고 있다.

> **지오펜싱(Geo-Fencing) 기술**
> 지오펜싱은 GPS와 네트워크 기술을 활용하여 특정 지역의 드론 진입을 제한하는 기술이다. 제조업체는 소프트웨어에 금지구역(예: 공항, 정부청사, 군사기지)을 입력하여 드론이 해당 구역에 접근하면 자동으로 상승거나 회피하도록 설정한다. 이는 공공 안전과 군사보안을 위한 핵심 기술로 떠오르고 있으며, 여러 국가에서 적극적으로 도입되고 있다.

① 장점

- 공항, 원전 등 국가기반시설 보호
- 군사시설 및 사유지의 사생활 보호
- 대규모 행사 시 보안 강화

② 그러나 지오펜싱 기술도 완벽하지 않다. GPS 스푸핑이나 해킹 기술을 통해 우회 가능하며, 정식 인증을 받지 않은 비인가 드론은 이러한 시스템에 대응하지 않을 수도 있다. 더욱이 긴급구조나 재난상황에서는 지오펜싱이 오히려 임무 수행에 장애물이 될 수도 있다.

③ 국토교통부는 2021년부터 'K-드론시스템'을 통해 공항 인근에서 드론 비행 계획 승인과 실시간 모니터링 기능을 실증하고 있으며, 드

론특별자유화구역 확대를 통해 안전관리 기반을 강화하고 있다.[20] 위반 시 과태료 부과와 행정처분이 가능하며, 불법 드론 식별 시스템과 연동하여 실시간 추적도 가능하도록 시스템을 보완 중이다.

결론적으로 드론의 발전은 단지 기술의 진보로 끝나는 것이 아니라 법과 윤리, 공공안전의 문제로 확장된다. 따라서 정부는 기술의 진화에 발맞춰 제도와 정책을 지속적으로 보완해야 하며, 시민사회 또한 드론 기술의 위험성과 가능성을 함께 인식하는 성숙한 자세가 필요하다. 드론의 미래는 기술의 발전만이 아니라 우리가 그것을 어떻게 규율하느냐에 달려 있다.

20　국토교통부, "K-드론시스템 실증사업 추진 현황," 2021.

4.
드론의 군사 여정

　　드론의 군사적 활용은 단순한 감시수단을 넘어 전쟁 전체의 양상을 바꾸는 전략 무기로 진화하고 있다. 비용 대비 효율성이 높고, 조종사의 위험을 회피할 수 있으며, 인공지능과 결합해 자율 전투체계로 전환되는 과정은 현대 전쟁의 본질적 패러다임 전환을 상징한다.

1) 군사 분야에서의 드론 초기 사용

① 제1차 세계대전: 무인 항공기의 태동

　　드론 개념은 20세기 초 군사기술의 실험 단계에서 출발했다. 미국은 1916년, '케터링 버그(Kettering Bug)'라 불리는 원격조종 폭격기를 시험 제작했으며,[21] 이는 세계 최초의 무인 항공기를 만들기 위한 시도 중 하나로 평가된다. 비슷한 시기, 영국은 퀸 비(Queen Bee)라는 무인 표적기를 실전 훈련

21　Smithsonian National Air and Space Museum, "The Kettering Bug," 2022.

현대 무인기의 시초 형상도

용으로 운용하면서 '드론(Drone)'이라는 용어의 어원을 제공하게 되었다.[22]

② 제2차 세계대전: 무인기 활용의 확대

독일이 V-1 플라잉 봄(V-1 Flying Bomb)을 개발하여 1944년부터 런던 등 주요 도시를 공격했으며,[23] 미국은 B-17 폭격기를 무인기로 개조하여 전략 폭격 실험에 나섰다.

첫 실전 무인 폭격기 형상도

---

22 Royal Air Force Museum, "The Queen Bee and the Origins of the Drone," 2021.
23 Wikipedia, "V-1 flying bomb," accessed 2 August 2025.

③ 냉전기: 정찰 드론 발전

1960년 U-2 정찰기 격추사건을 계기로, 미국은 유인 정찰기의 한계를 인식하고 무인 정찰기로 전략을 전환했다. 라이언 파이어비(Ryan Firebee, AQM-34), RQ-2 파이오니어 등[24]은 베트남전 및 냉전기에 여러 작전에서 운용되었다.

1960년대 무인 정찰기 형상도

④ 베트남전과 걸프전: 현대 드론의 실전 배치

베트남 전쟁(1955~1975)에서는 AQM-34 시리즈가 작전 데이터를 실시간으로 송신하며 정찰 드론의 가능성을 입증했고, 1991년 걸프전에서는 MQ-1 프레데터(Predator)가 정찰과 타격이 가능한 무인기로 진화했다. 이는 오늘날 무장 드론 시대의 서막을 열었다.

---

24 National Museum of the U.S. Air Force, "Ryan Model 147 (AQM-34) Firebee," 2023.

현대 무장 드론의 시작

2) 드론 기술의 군사적 전환

드론 기술은 단순 감시 도구에서 벗어나 실질적인 전투 수행 주체로 진화하고 있다.

① 병사 개인운용 정찰 드론

- RQ-11 레이븐(Raven): 휴대용 소형 드론으로, 전장 정보를 실시간으로 수집하며 병사 단위 작전에 기여
- 블랙 호넷 나노(Black Hornet Nano): 33g 초소형 나노 드론으로, 건물 내부·좁은 골목 등 접근이 어려운 지역의 감시 임무 수행

② 공격형 드론과 자폭 드론

- MQ-9 리퍼(Reaper): 헬파이어 미사일, 페이브웨이(Paveway) 유도폭탄을 장착하여 장거리 정밀타격 수행

개인 병사 단위 소형 드론 운용 형상도

③ 자폭형 드론(Loitering Munitions)

- 하피: 이스라엘제 자폭 드론.
- 샤헤드-136: 이란제 장거리 자폭 드론
- 스위치블레이드(Switchblade): 미국제 소형 자폭 드론

④ AI 기반 자율전투 드론

미국 DARPA는 자율적 군집 작전이 가능한 드론 시스템인 '그리프론(Gremlins)' 프로젝트를 통해 인간의 개입이 없는 전투 기술을 개발하고 있다.[25] (DARPA 공식 발표, 2022년 기준 성공적 회수 실험 완료)

---

25 Defense Advanced Research Projects Agency (DARPA), "Gremlins Program Demonstrates Airborne Recovery," November 5, 2021.

3) 미래 전장에서의 드론 전망

드론은 이제 '정찰과 타격'이라는 기존 역할을 넘어 전쟁의 주도권을 좌우하는 전략 전력으로 부상하고 있다.

- 스텔스 드론: 미국이 개발 중인 차세대 정찰용 스텔스 드론(RQ-180). 고고도 장기 체공과 레이더 회피 성능이 특징[26]
- 고고도 장기 체공 드론(HALE): 위성과 연계된 통신·감시 기능을 수행하며, 수개월간 체공 가능한 시스템으로 발전 중
- 완전 자율전투 드론: AI 알고리즘, 센서 통합, 데이터 처리 기술이 결합된 완전 자율형 드론은 전쟁 판단, 타격, 복귀까지 독립적으로 수행 가능하다. 이는 인간 병력의 의존도를 낮추는 동시에 전쟁의 윤리·법적 기준에 새로운 쟁점으로 부상했다.[27]

미래 전장의 드론: 스텔스·고고도 장기 체공·완전 자율 전투 드론 형상도(좌측부터)

---

26 Aviation Week, "U.S. Air Force Secretive RQ-180 Program," August 19, 2022.

27 United Nations Institute for Disarmament Research (UNIDIR), "The Ethics of Autonomous Weapons Systems," 2023.

임무 중인 무인기 편대 형상도

이처럼 드론은 정찰·감시에서 타격·지휘통제에 이르기까지 전장 전반에 걸쳐 주도권을 행사하는 도구로 자리 잡고 있다. 단순한 기술이 아니라 전쟁의 양상 자체를 바꾸는 전략 자산으로서 드론의 미래는 이제 '보조'가 아닌 '중심'이 되었다.

제4장

국가별 군사와 드론의 융합

1. 미국의 군사드론 동향   2. 중국의 군사드론 동향
3. 러시아의 군사드론 동향   4. 이스라엘의 드론 동향
5. 한국의 군사드론 운용
6. 기타 국가들의 군사드론 동향

드론은 20세기 후반부터 본격적으로 군사 분야에서 활용되기 시작했으며, 현대 전쟁에서 필수적인 요소로 자리 잡았다. 초기에는 정찰과 감시 목적으로 사용되었으나, 기술의 발전과 함께 정밀타격, 전자전, 병참 지원, 그리고 사이버전까지 다양한 임무로 그 역할이 확장되었다. 드론이 유인 항공기보다 비용이 저렴하고 위험 부담이 적으며 장시간 운용이 가능하다는 점은 군사적 활용 가치를 극대화하는 요소로 작용하고 있다.

기술의 발전과 함께 군사작전에서 드론의 역할은 점점 더 확대되고 있으며, 미래 전장에서는 인공지능(AI)과 결합되며 완전 자동화된 드론 전력이 주요 전투 자산이 될 것으로 전망된다. 군사 분야에서의 드론 활용은 전쟁의 형태를 근본적으로 변화시키고 있으며, 이는 드론이 기존의 유인 항공기를 대체하는 방향으로 나아가고 있음을 보여준다. 이러한 변화는 단순히 비용 절감 차원을 넘어 전장의 운영 방식과 전략 전술의 근본적인 개혁을 의미한다.

드론의 발전은 전쟁의 패러다임을 변화시키고 있으며, 과거에는 유인 전투기와 대규모 병력이 중심이 되었던 전쟁이 무인화·자동화된 형태로 빠르게 변화하고 있다. 초기에는 정찰 및 감시 역할을 수행했으나 이후 타격용, 전자전, 병참 지원, 그리고 다영역 작전(Multi-Domain Operations, MDO) 등의 분야로 그 활용이 확대되고 있다. 드론이 군사적으로 주목받는 이유는 경제성과 위험 부담이 적으며, 장시간 작전 수행이 가능하다는 점에서 찾을 수 있다. 또한 소형화 및 기술적 발전을 통해 다양한 형태의 작전에 적합한 드론이 개발되고 있으며, 이를 통해 군사작전의 효율성이 극대화되고 있다.

드론이 전장에서 점점 더 중요한 무기체계로 자리 잡는 이유에는 복합적으로 작용한 여러 요소가 있다. 대표적인 군사적 강점은 다음과 같다.

첫째, 비용 효율성이다. 드론은 유인 항공기보다 제작 및 운용 비용이 현저히 낮다. 예를 들어, F-35 전투기의 개발 비용이 1조 원 이상에 달하는 반면, MQ-9 리퍼 드론은 약 400억 원 수준[1]으로 제작될 수 있다. 또한, 일부 자폭형 드론(Loitering Munition)의 경우 소모품으로 저렴하게 운용할 수 있어 현대 전장에서 점점 더 많이 활용되고 있다.

개발 비용 약 1조 원 이상 VS 약 400억 원

둘째, 위험 부담 감소다. 유인 항공기의 경우 조종사가 직접 탑승해야 하므로 작전 수행 중 전사할 위험이 존재하지만, 드론은 원격 조종 또는 자율 비행이 가능하기 때문에 인명피해 없이 작전 수행이 가능하다. 특히 적대적인 공역(A2/AD, Anti-Access/Area Denial)에서의 임무 수행 시, 드론은 유인 항공기보다 안전하고 효율적인 선택이 된다.

셋째, 장시간 운용 가능성이다. MQ-9 리퍼는 최대 27시간, RQ-4 글

---

1 Congressional Budget Office (CBO), "Costs of Major U.S. Weapon Systems," 2023.

로벌 호크는 최대 34시간까지 비행 가능하며,[2] 장기 작전 수행에 적합하다.

넷째, 소형화 및 다양성이다. 드론은 초소형 나노 드론에서부터 대형 전략 드론까지 다양한 크기와 형태로 제작될 수 있어, 다양한 작전에 맞춰 최적화할 수 있다. 병사들의 개별 휴대가 가능한 초소형 정찰 드론(Black Hornet Nano, RQ-11 Raven)에서부터, 대형 무장 드론(MQ-9 리퍼, RQ-4 글로벌 호크)까지 다양한 전장환경에 맞춘 드론이 운용되고 있다. 또한, 드론은 공중뿐만 아니라 해상(무인 수상정, USV)과 지상(무인 지상차량, UGV)에서도 활용될 수 있으며, 다영역 전투 개념에서 핵심적인 요소로 작용하고 있다.

드론이 전투에 본격적으로 활용되면서 기존의 군사 전술과 전략이 변화하고 있다. 드론 전력 강화는 주요 국가의 국방전략의 핵심 요소로 자리 잡고 있다.

소형 정찰 드론은 RQ-11 레이븐, 블랙 호넷 나노 등 병사가 휴대 가능하며, 전장 정보를 실시간으로 전송함으로써 작전 효율을 높이고 있다. 공격 드론은 MQ-9 리퍼가 헬파이어 미사일 및 페이브웨이 유도폭탄을 장착해 장거리 정밀타격을 수행하며, 자폭형 드론(Loitering Munition)인 스위치블레이드, 하피 등은 목표 상공에서 대기하다 자폭하는 방식으로 운용된다. AI 기반 자율전투 드론은 AI가 탑재된 드론이 인간의 개입 없이 타격 결정을 수행할 수 있으며, 스웜 드론 전술은 수십 개의 드론이 네트워크로 협력해 집중 타격을 수행한다. 대표적 사례는 미국 DARPA의 '그렘린 프로젝트(Gremlins Project)'다.[3]

이러한 발전을 통해 드론은 단순한 보조 무기에서 벗어나 현대 전장

---

[2] U.S. Air Force, "RQ-4 Global Hawk," 2023.

[3] Defense Advanced Research Projects Agency (DARPA), "Gremlins Program Demonstrates Airborne Recovery," 5 November 2021.

에서 필수적인 전략 무기로 자리 잡고 있다. 미래에는 AI 기반 완전 자율 드론이 전투를 수행하며, 인간 조종사가 개입할 필요 없는 시대가 도래할 가능성이 높아지고 있다.

앞으로의 미래 전장에서 군사드론은 향후 전쟁 양식 자체를 변화시킬 가능성이 높으며, 초소형 스텔스 드론, 우주 기반 고고도 드론, 완전 자율형 무기체계 등 새로운 기술들이 접목되고 있다. 스텔스 드론 중 미국이 개발 중인 RQ-180은 스텔스 기술을 기반으로 고성능 장거리 정찰 임무를 수행하도록 설계되었으며,[4] 적 방공망을 회피할 수 있는 능력을 갖춘 차세대 플랫폼이다. 고고도 장기 체공 드론(HALE)은 위성과 연계하여 수개월간 체공하며 통신 릴레이 및 감시 작전을 수행할 수 있도록 개발되고 있으며, 미 공군과 보잉이 협력한 '솔라이글(SolarEagle)' 프로젝트가 대표 사례다.[5]

완전 자율전투 드론은 AI가 임무 계획, 타격, 귀환까지 스스로 수행하도록 연구 중이며, 이는 향후 인간의 개입이 없는 전투 시대의 도래 가능성을 제기한다.[6]

결국 드론은 정찰·감시·타격을 넘어 AI 기반 자율 전투의 핵심 플랫폼으로 진화하고 있으며, 향후 전쟁의 승패를 좌우하는 주역으로 자리매김할 것이다.

---

4   Aviation Week, "First Confirmed Sightings of RQ-180," August 3, 2022.
5   Boeing, "SolarEagle HALE UAV Program Overview," 2021.
6   United Nations Institute for Disarmament Research (UNIDIR), "Autonomous Weapons and Future Conflict," 2023.

1.
미국의 군사드론 동향

그날도 무인지대 하늘 위를 유유히 떠다니던 은빛 기체 하나. 이름은 MQ-9 리퍼. 소리 없이 하늘을 가르던 이 드론은, 단순한 비행체가 아니었다. 조종사는 수천 킬로미터 떨어진 네바다의 한 기지에서 조이스틱을 조작하고 있었다. 화면 너머에는 건물 주변을 서성이는 한 남성. 단 15초 후, 영상은 흔들렸고 신호는 끊겼다.

이라크 바그다드의 한 거리에서 이란 혁명수비대(IRGC) 사령관 가셈 솔레이마니가 제거되던 순간이었다.[7] 이 사건은 드론이 단순 감시를 넘어 국가전략 차원에서 표적 제거(Targeted Killing)에 활용될 수 있음을 전 세계에 각인시켰다.

미국은 세계에서 가장 발전된 군사드론 기술을 보유한 국가로, 다양한 전장에서 드론을 활용하여 정찰, 감시, 타격, 병참 지원 등 폭넓은 임무를 수행하고 있다. 1990년대부터 본격적으로 군사드론을 실전에 도입한 미국은 2000년대 이후 아프가니스탄과 이라크 전쟁을 거치며 무장 드론을 활용한 정밀타격 작전을 확대해왔다. 특히, 무인 전투 시스템과 인공지

---

[7] Axios, "U.S. kills top Iranian commander Qasem Soleimani," January 3, 2020.

능(AI) 기술을 결합하여 자율 작전 수행이 가능한 미래형 드론을 개발하는 데 집중하고 있다.

1) 미국의 드론 전략과 주요 작전

2002년, CIA가 운용하는 MQ-1 프레데터 드론이 아프가니스탄 하늘 위를 비행하고 있었다. 목표는 알카에다 조직원 아부 알리 알-하라비. 사막을 가로지르던 차량이 정지하자, 조종석에 앉은 분석가들은 숨을 죽였다. 버튼 하나, 명령 하나로 테러의 거물은 역사 속 인물이 되었다.[8]

이 작전은 무장 드론이 실전에서 사용된 첫 사례로 기록되었고, 이후 드론은 미국의 전술 자산으로 자리 잡았다. 미 국방부는 스카이보그(Skyborg) 프로젝트를 통해 AI 기반 드론을 유인기와 편대 운용하는 미래 전장 구상을 구체화하고 있다. 이들은 인간 조종사의 지시 없이도 목표를 식별하고 자율적으로 공격할 수 있도록 개발되고 있다.

2) 미국의 주요 군사드론과 임무

미국의 드론 전력은 상황과 임무에 따라 유연하게 배치된다.

- RQ-4 글로벌 호크(Global Hawk): 20km 상공에서 최대 34시간 비행

---

[8] ABC News, "U.S. Predator Kills 6 Al Qaeda Suspects," November 5, 2002.

미국의 주요 군사드론 형상도

가능. 고해상도 정찰 영상 제공. 2019년, 이란이 이 드론을 격추하며 국제적 긴장이 고조된 바 있음[9]
- MQ-4C 트리톤(Triton): 글로벌 호크의 해양 작전형. 남중국해 등에서 적국 해군 감시 임무에 투입
- MQ-9 리퍼(Reaper): 헬파이어 미사일 및 유도폭탄을 장착한 정밀 타격 드론으로, 중동 및 아프리카 지역의 대테러 작전에 주력
- 스위치블레이드(Switchblade): 소형 자폭 드론. 병사가 직접 휴대·운용 가능. 우크라이나 전장에서 기갑 부대를 타격하며 실전 효과 입증

3) 미국의 전자전 및 군집 드론 운용

"우리는 전투기가 아니라 알고리즘을 출격시킨다." 미 공군의 실험 보고서에서 나온 말이다.[10] XQ-58A 발키리는 이런 발상에서 출발한 드

---

[9] Time, "Iran Shot Down a $176 Million U.S. Drone. Here's What to Know About the RQ-4 Global Hawk," June 20, 2019.

[10] U.S. Air Force, "Skyborg Vanguard Program Report," 2022.

론이다. 인간이 탑승하지 않은 이 기체는, F-22나 F-35와 함께 작전을 수행하면서도 독립적으로 목표를 탐지하고 타격할 수 있다. 또한, '그리프론(Gremlins)' 프로젝트는 드론이 단독이 아닌 '떼 전술'로 적을 압도할 수 있음을 보여준다. 수십 대의 드론이 네트워크로 연결돼 목표를 향해 동시 접근 및 공격하는 전술은, 기존 방공망을 혼란에 빠뜨린다.

4) 미국의 미래 군사드론 전략과 전망

미국은 세 방향에서 군사드론을 미래화하고 있다.

첫째, 완전 자율 드론 개발이다. 스카이보그는 인간 개입 없이 작전이 가능한 드론의 시작점이며, AI 전투체계와의 융합은 이제 피할 수 없는 흐름이다.

둘째, 우주 기반 드론 운용이다. 고고도 장기 체공 드론(HALE) 시스템은 위성과 연계된 초장기 비행 플랫폼으로, 지구 전역을 감시하는 '하늘 위의 눈' 역할을 하게 될 것이다.[11]

셋째, 해상 드론과 무인 전투함을 중심으로 한 해군 전력 강화. 미 해군은 무인 수상정(USV)과 항공 드론을 통합 운용하여 새로운 해군작전 개념을 구상하고 있다.

이처럼 드론은 미국의 미래 전장에서 단순한 도구가 아니라 핵심 전략 자산으로 격상되고 있다. 인간이 빠진 전쟁, 알고리즘과 데이터가 지휘하는 전투. 미국은 이미 그 시나리오를 현실로 만들고 있다.

---

11 Boeing, "SolarEagle HALE UAV Concept," 2021.

2. 중국의 군사드론 동향

중국은 군사드론 개발과 운용에서 미국과 함께 글로벌 리더로 자리 잡고 있으며, 최근 몇 년간 빠르게 성장하고 있다. 과거에는 미국과 이스라엘에 비해 기술적 열세를 보였으나 정부 주도의 대규모 투자와 기술 이전, 자국 내 연구개발을 통해 중국은 이제 미국과 유사한 수준의 첨단 드론을 개발하고 실전에 배치하고 있다.[12] 특히, 중국제조 2025(Made in China 2025) 및 군민융합(Military-Civil Fusion) 전략의 일환으로 군사드론 개발을 집중 육성하고 있으며, 이는 중국이 무인기 기술을 단순한 방어체계가 아닌 국제 군사력 증강과 지역 패권전략의 핵심 도구로 활용하고 있음을 시사한다.

중국은 현재 정찰, 감시, 타격, 전자전, 스텔스 작전 등 다양한 임무를 수행할 수 있는 드론을 개발하고 있으며, 이를 남중국해, 대만해협, 인도-태평양 지역에서 적극적으로 운용하고 있다. 또한, 드론을 해외 시장에 적극적으로 수출하면서 중국제 무인기의 글로벌 영향력을 확장하고 있으

12　U.S.-China Economic and Security Review Commission, "China's Military Unmanned Aerial Vehicle Industry," June 14, 2013.

며, 일부 중동, 아프리카, 동남아 국가들이 중국제 드론을 군사작전에 활용하고 있다.

1) 중국의 드론 기술 발전과 군사적 활용

중국의 군사드론 기술 발전은 2000년대 초부터 본격적으로 시작되었다. 2001년 아프가니스탄 전쟁에서 미국이 MQ-1 프레데터로 최초의 정밀타격을 수행한 뒤, 중국도 군사용 UAV 개발과 전력화를 빠르게 확대해 왔다.[13]

1990년대까지 중국의 드론 기술은 상대적으로 뒤처져 있었으나, 2000년대 들어 중국항공공업집단(AVIC, Aviation Industry Corporation of China) 및 중국전자과학기술그룹(CETC, China Electronics Technology Group)과 같은 국영 방산업체들이 주도적으로 연구개발을 추진하면서 군사드론 개발 속도가 급격히 빨라졌다.

이 과정에서 중국은 미국의 MQ-9 리퍼, RQ-4 글로벌 호크, XQ-58A 발키리(Valkyrie) 등의 군사드론을 벤치마킹하며 유사한 성능의 모델을 자체 개발하는 전략을 택했다. 현재 중국은 고고도 정찰 드론, 중고도 무장 드론, 스텔스 드론, 군집 드론(Swarm Drone), 전자전 드론 등을 운용하며, 드론 기술의 군사적 활용을 더욱 확대하고 있다.

---

13 U.S.-China Economic and Security Review Commission, "China's Military Unmanned Aerial Vehicle Industry," 2013, U.S.-China Economic and Security Review Commission.

2) 중국의 주요 군사드론 및 특징

중국은 현재 다양한 유형의 군사드론을 개발 및 운용하고 있으며, 이는 미국이 운용하는 대표적인 무인기와 비교될 수 있다.

① 고고도 장거리 정찰 드론

우정(Xianglong, 翔龙), 일명 '소어 드래곤(Soaring Dragon)'은 RQ-4 글로벌 호크와 유사하며, 대만해협과 남중국해에서 감시 작전에 활용되고 있다.[14] 또한 GJ-11 스텔스 드론은 전자전과 스텔스 임무를 수행하는 전략자산으로 주목받고 있다.

② 중고도 장기 체공 무장 드론

CH-4와 CH-5(레인보우 시리즈)는 MQ-9 리퍼와 유사한 형태로, 중동

중국 고고도 정찰 드론 형상도

중국 중고도 드론 형상도

---

14 Wikipedia, "Guizhou WZ-7 Soaring Dragon," accessed 4 August 2025.

과 아프리카 지역에 수출되어 실전 운용되고 있다.[15] 이들 드론은 공대지 미사일 탑재가 가능하며, 최대 60시간 이상 체공할 수 있는 능력을 보유하고 있다.

③ 군집 드론 및 전자전 드론

페이덩(Fei Deng) 프로젝트는 수백 대의 소형 드론이 네트워크를 형성하여 집단 공격을 수행하는 군집 드론 전략이다. 티안이(Tian Yi)는 전자전 드론으로, 적의 레이더 및 통신 교란 임무를 수행할 수 있다.

3) 중국의 드론 운용 전략과 지정학적 영향

중국은 군사드론을 대만해협, 남중국해, 동중국해, 인도-태평양 지역에서 전략적으로 활용하며, 주변국과의 군사적 긴장을 높이고 있다. 2022년 중국군의 무장 드론이 대만 방공식별구역(ADIZ)에 진입한 사건은 이러한 전략적 의도를 보여주는 대표적인 사례로, 이는 정찰과 심리전 차원의 압박 수단으로 평가된다.[16]

중국 해군은 CH-5, 우정 등의 드론을 통해 미 해군 항공모함 전단 및 동남아 국가들의 해양 활동을 감시하고 있으며, 이는 지역 내 미중 간 힘의 균형에 직접적인 영향을 미치고 있다. 예를 들어, 세계 상업용 드론 시

---

15 Defense News, "China's surprising drone sales in the Middle East," April 23, 2021.

16 Defense Post, "Taiwan says Chinese military drone entered air defence identification zone," September 6, 2022.

장 점유율 70% 이상을 차지하는 중국계 기술 기업들이 생산한 드론은 우크라이나-러시아 전쟁에서 정찰 및 타격 유도로 양측에서 모두 활용된 사례가 있다.[17] 이들 드론은 고해상도 영상, 적외선 탐지, GPS 기반 자율 비행이 가능해 군사적 전용 가능성이 높은 것으로 분석된다.

그러나 이러한 민간 드론의 운용에는 사이버 보안 우려도 따른다. 미 국방부와 상무부는 일부 중국제 드론이 수집한 데이터가 본국 서버로 전송될 수 있다는 점을 문제 삼아 정부기관의 사용을 제한하거나 금지하는 조치를 시행한 바 있다.[18]

중국은 무인기를 전략적 억지 수단으로 활용하고 있으며, 드론의 장기 체공 감시 능력을 이용해 대만 ADIZ 진입, 남중국해 감시, 주변국 훈련 탐지 등 다양한 방식으로 전술적 긴장을 조성하고 있다. 이러한 드론 전략은 미중 간 군사 균형에도 직접적인 영향을 주고 있으며, 인도-태평양 지역 안보지형에 변화를 일으키는 핵심 요인 중 하나가 되고 있다.

---

17 The New York Times, "Commercial Drones in the Ukraine Conflict," January 11, 2023.

18 U.S. Department of Defense, "DoD Announces Actions to Protect the Department from Unmanned Aircraft Systems," August 3, 2020.

3.
러시아의 군사드론 동향

러시아는 드론 기술 개발에 있어 미국과 중국보다 늦게 출발했지만, 최근 수년간 이를 빠르게 만회하고 있다. 특히 우크라이나 전쟁을 계기로 드론의 실전적 유용성을 체감한 러시아는 자국산 무인기 전력 강화를 국방 핵심과제로 설정하고 있다.

냉전 시기 소련은 정찰 목적의 일부 무인 항공기를 실험한 바 있으나, 본격적인 군사드론의 개발은 2010년대에 들어서야 시작되었다.[19] 전환점은 2008년 러시아-조지아 전쟁이었다. 당시 조지아가 이스라엘제 드론 '헤르메스 450'을 통해 실시간 감시 및 포격 유도에 성공하자, 러시아군은 자국의 기술적 열세를 자각했다.

이후 러시아는 이스라엘, 이란, 중국 등 다양한 국가의 무인기 시스템을 분석하고, 동시에 자국 방산업체 중심으로 독자적인 드론 플랫폼 개발을 본격화했다. 오늘날 러시아는 정찰, 타격, 전자전, 군집 전술 등 다양한 영역에서 자국산 드론을 실전 배치하고 있으며, 이는 전쟁 패러다임의 변

---

19 FPRI (Foreign Policy Research Institute), "Russian Military Drones: Past, Present, and Future of the UAV Industry," November 30, 2023.

화에 대한 적응 노력의 일환으로 평가된다.

1) 기술적 기반 확보, 러시아 드론의 발전 과정

2010년대 들어 러시아는 이스라엘제 드론의 수입 및 리버스 엔지니어링을 통해 초기 모델을 구축했다.[20] 동시에 국방부 산하 UZGA(우랄 항공기 제작사), 크론슈타트 그룹(Kronshtadt Group) 등의 방산업체가 중심이 되어 독자 개발을 추진하면서 본격적인 정찰 및 타격형 무인기가 등장하기 시작했다. 특히 시리아 내전과 우크라이나 전쟁은 러시아 드론 기술의 '야전 시험장'이 되었으며, 드론 전력을 실전 운용하며 기술적 결함과 작전 적용성을 보완하는 방식으로 발전을 이어갔다.

2) 주요 드론 시스템과 운용 방식

러시아가 현재 운용 중인 주요 드론은 아래와 같다.

- 오리온-E(Orion-E): 중고도 장기 체공 드론(MALE)으로, 정찰과 공격의 동시 수행이 가능하다. MQ-1 프레데터와 유사한 임무 프로파일을 가지며, 시리아 및 우크라이나 전장에서 실전 운용 사례가

20　Defense News, "Russia Licenses Israeli Drones," 2015.

다수 보고되었다.[21]

- 알티우스-U(Altius-U): 위성 기반 통신체계를 갖춘 고고도 드론으로, 향후 MQ-9 리퍼급 성능을 목표로 하고 있으며, 자율 비행 기능도 탑재되어 있다.[22]
- 란셋(Lancet): 소형 자폭 드론으로, 러시아가 개발한 대표적인 자폭형 드론(loitering munition)이다. 우크라이나 전장에서 기갑 차량과 방공시설 타격에 효과적으로 사용되었다.[23]
- 아호트니크-B(Okhotnik-B): 스텔스 공격 드론으로, Su-57 스텔스 전투기와 연동 운용을 목표로 개발 중이며, 러시아 차세대 무인 전력의 상징이다.[24]
- KUB: 소형 자폭 드론으로 소형 폭탄을 탑재해 정밀 타격 임무를 수행하며, 주로 단거리 표적 파괴에 사용된다.[25]
- 세르베루스(Cerberus, 프로토타입): 러시아가 개발 중인 군집 드론 플랫폼으로, 트럭 기반의 지휘·통제 시스템에서 다수의 드론을 네트워크로 연결해 정찰과 공격 임무를 수행하도록 설계되었다.[26]

---

[21] The War Zone, "Russia's Orion Drone Combat Trials in Syria Demonstrated Strike Capability," February 22, 2021; Defense Mirror, "Russian Orion-E Drone Makes its First Kill in Ukraine," March 8, 2022.

[22] TopWar, "Разведывательно-ударный беспилотник «Альтиус-У» получил спутниковую связь," March 27, 2021; Mezha Media, "An Altius-RU UAV potentially surpasses the MQ-9 Reaper in size and characteristics," July 8, 2025.

[23] Conflict Armament Research (CAR), "Lancet Drone Use in Ukraine," 2023.

[24] FlightGlobal, "Sukhoi Okhotnik UCAV Revealed," January 23, 2020.

[25] SIPRI, "KUB Drone Analysis," 2022.

[26] The Defense Post, "Russia Developing Cerberus System for Managing Drone Swarms," February 17, 2025.

3) 우크라이나 전쟁과 드론의 전략적 전환

러시아는 우크라이나 전쟁을 통해 드론의 정찰·타격·전자전 통합 운용 능력을 대폭 강화하고 있다.

- 정찰-포격 연계: 알티우스와 오리온 드론이 수집한 실시간 정보는 포병부대에 전송되어 빠른 표적화와 타격이 가능해졌다. 이는 기존 유인 정찰기의 운용 한계를 극복하고, 저비용 고효율 전장을 구현한 대표 사례다.
- 자폭 드론 집중 운용: 란셋 및 KUB 드론은 병력 밀집지역, 지휘소, 차량 행렬 등 전술 목표를 정밀타격 하는 데 활용된다. 이로써 러시아는 '드론을 통한 비대칭 전력 극대화'라는 전략을 실현하고 있다.
- 전자전 연계 강화: 드론을 통한 GPS 교란, 신호탐지 및 통신차단 등 전자전(EW) 능력도 점차 통합 중이다.[27]
- 해외 기술 협력 및 수출: 러시아는 이란과 기술협력 및 무기 교환을 통해 Shahed 계열 드론의 도입과 현지 생산을 추진하며, 중국과도 드론 기술 협력을 확장하고 있다. 또한 아프리카 국가들에 군수품·드론 수출을 활발하게 진행하고 있다.[28]

---

27 Business Insider, "Ukraine is losing 10,000 drones a month to Russia's electronic-warfare systems, researchers say," May 22, 2023.

28 Washington Post, "Russia's deadly drone industry upgraded with Iran's help," United Against Nuclear Iran, May 2025; Carnegie Endowment for International Peace, "The Booming China-Russia Drone Alliance," June 2025; Wikipedia, "Rosoboronexport," accessed 10 August 2024.

4) 기술 격차를 좁히는 러시아의 드론 전략

러시아는 단순한 '드론 보유국'을 넘어, 전장 내 드론 통합운용 능력을 가속화하고 있다. 특히 정찰, 타격, 전자전, 스텔스 등 다기능 무인기의 체계적 운용은 자국의 전략적 영향력을 유지·확장하려는 군사적 의지를 반영한다. 우크라이나 전장은 러시아 드론 전략의 실험장이자, 무인기 기반 미래전 패러다임의 예고편이다. 후발주자로 출발한 러시아가 과연 미중과의 기술 격차를 줄일 수 있을지는 여전히 주목해야 할 핵심 변수로 남아 있다.

4.
이스라엘의 군사드론 동향

이스라엘은 세계에서 가장 앞선 군사드론 기술을 보유한 국가 중 하나로 평가된다. 국토가 좁고 안보 위협이 상존하는 지정학적 환경 속에서 이스라엘은 드론을 정찰, 감시, 정밀타격, 전자전 등 다목적 전략 수단으로 적극 활용해왔다. 특히 이스라엘은 2008-2009년 가자 지구 작전에서 Heron 정찰 드론을 다수 실전 배치하며 무인 항공기의 전술적 가치를 검증한 첫 국가 중 하나다.[29]

1) 드론 기술의 선도적 개발과 실전 운용

이스라엘의 드론 개발은 1970년대부터 본격화되었으며, 1982년 제1차 레바논 전쟁이 기점이 되었다. 당시 이스라엘군은 무인 항공기를 전자전과 결합해 시리아군의 방공망을 무력화했고, 이는 NATO를 포함한

---

[29] Wikipedia, "IAI Heron," Operational history, 2008-2009 Gaza War, accessed 9 August 2025; Wikipedia, "IAI Heron," section "Operational history – 2008-2009 Gaza War," accessed 10 August 2025.

서방 국가들의 무인기 개발 경쟁을 촉진했다.

- 정찰과 감시 능력: 이스라엘항공산업(IAI)에서 개발한 헤론 TP(Heron TP)는 최대 36시간 체공이 가능하며, 고해상도 영상 및 전자 신호 감청 기능을 갖춘 대표적인 전략 정찰 드론이다.[30]
- AI 기반 자율 작전: 최근 드론에는 자동 표적 탐지 및 자율 공격 알고리즘이 탑재되며, 드론 작전의 실시간성과 독립성이 강화되고 있다.
- 자폭형 드론(Loitering Munitions)의 개척자: 하피, 하롭(Harop)은 전자파 탐지를 통해 적의 방공 레이더를 자동 인식 후 자폭 공격을 수행하는 체계로, 드론과 미사일의 경계를 허문 하이브리드 무기다.[31]

2) 공격과 방어의 입체적 운용

이스라엘은 드론을 단순 감시나 타격뿐만 아니라, 방어 및 공중 요격에도 전략적으로 활용하고 있다.

- 정밀타격: 하피와 하롭은 방공망 제거 작전에 최적화된 드론으로, 적의 레이더 주파수를 탐지해 자동으로 자폭 공격을 실행한다.
- 방공체계와의 연계: 아이언 돔, 다비드 슬링, 아이언 빔 등 다층 방

---

[30] Wikipedia, "IAI Harop," overview section, accessed 10 August 2025.
[31] Defense News, "Israel's Drone Interceptor Developments," March 15, 2023.

공 시스템에 더해, 이스라엘 국방부는 무인기 요격을 위한 다양한 대책의 시험 및 개발을 적극 추진 중이다.[32]

3) 1982년 레바논 전쟁, 무인기-전자전-유인기의 입체 연계

이스라엘은 무인 항공기를 정보 수집뿐 아니라 유인기 공격의 유도 수단으로 활용하는 복합 전술을 실현했다.

- 단계별 작전 구조: 무인기가 시리아 방공망에 투입되어 레이더를 유도 → 전자전기로 교란 → F-15/F-16이 방공망 정밀타격.
- 성과: 시리아의 SA-6 미사일 기지 다수가 무력화되었고, 전투기 손실 없이 작전이 수행되었다.[33]

이 작전은 드론과 유인기의 협업이 전장 패러다임을 바꿀 수 있음을 전 세계에 각인시켰다.

---

[32] Times of Israel, "Defense Ministry carries out tests on new anti-drone systems in development," February 5, 2025.

[33] Wikipedia, "Operation Mole Cricket 19," accessed 5 August 2025.

4) 글로벌 수출과 전략적 영향력

이스라엘은 세계 최대의 드론 수출국 중 하나로,[34] 자국 기술을 기반으로 다양한 드론을 전 세계에 공급하고 있다.

- 수출 대상국: 인도, 독일, 프랑스, 호주, 아제르바이잔 등.
- 대표 수출 모델: 헤론 시리즈, 하피, 하롭 등은 고정익 및 로이터링 무기 시장에서 경쟁 우위를 확보하고 있다.

5) 드론으로 구현된 전략적 자율성

이스라엘은 전장 정보의 실시간 확보, 정밀타격, 전자전, 방공 협업 등 전 영역에서 드론을 핵심 전력으로 운용하며, 국토방위와 전략적 억지력을 동시에 실현하고 있다. 이는 단지 기술력의 문제가 아니라 제한된 자원과 지정학적 리스크를 극복하기 위한 전술적 사고의 결과다. 향후 드론전쟁의 확산 속에서 이스라엘의 운용 모델은 하나의 교범으로 자리매김할 가능성이 크다.

---

[34] Wikipedia, "IAI Harop," overview section, accessed 10 August 2025.

5.
한국의 군사드론 운용

한국은 급변하는 군사 환경과 북한의 지속적인 위협 속에서 드론을 활용한 미래전력 증강에 집중하고 있으며, 다양한 군사드론을 개발하고 운용하고 있다. 특히, 한국군은 무인 항공기를 정찰, 감시, 공격, 전자전 등 다양한 용도로 활용할 수 있도록 체계적인 발전 계획을 수립하고 있으며, AI(인공지능) 및 자율 비행 기술을 접목한 차세대 무인 전력 확보에도 박차를 가하고 있다.[35]

한국의 군사드론 운용은 크게 정찰·감시, 공격·전투, 방어·요격, 군집 드론 전략 등 네 가지 방향으로 나누어 진행되고 있다. 현재까지는 정찰 및 감시용 드론 운용이 중심을 이루고 있지만, 최근에는 무장 드론 개발과 전장 운용 가능성을 고려한 실험이 활발히 진행되고 있으며, 향후 AI 기반 자율 전투 드론과 유·무인 협업체계를 구축하는 것이 목표로 설정되어 있다.

---

35 Hi-Tech News, "국방부, '드론' 공격은 예고편 … 잠수정·전투기까지 '무인화' 전쟁", 2023년 7월 5일.

1) 정찰·감시 드론, 북한 및 주변국 군사 활동 감시

한국군이 운용 중인 대표적인 정찰 드론은 미국산 RQ-4 글로벌 호크와 국산 중고도 장기 체공 드론(MALE)인 송골매(Songolmae)다.

- RQ-4 글로벌 호크: 고고도 정찰 드론으로, 한반도 전역을 감시할 수 있는 장거리 감시 능력을 보유하고 있다.[36] 고해상도 레이더와 광학·적외선 센서를 활용해 북한의 핵 및 미사일 기지, 주요 군사시설을 정밀 감시한다.
- 송골매: 한국항공우주산업(KAI)이 개발한 중고도 장기 체공 무인기로, 육군의 군단급에서 운용하고 있다.[37] 최근에는 AI 기반 기술이 접목된 차세대 모델로 진화 중이다.

2) 공격·전투 드론

한국은 유사시 정밀타격이 가능한 공격형 드론 개발에도 박차를 가하고 있다. 대표적인 사례로는 국방과학연구소(ADD)와 KAI가 협력 중인 자폭 드론과 유무인 전투 드론 프로젝트가 있다.

---

36 Seoul Economic Daily, "軍, 무인정찰기 뭐 운용하나 … 총 510여대, 대대·사단·군단급·고고도 등 운용별 다양", 2024년 6월 16일.
37 Korea Aerospace Industries (KAI), "2022 KAI Brochure (Korean)," 2022.

- 국산 자폭 드론: AI 기반 타격 기능을 갖추고 목표를 자동 추적 및 공격하는 기능을 갖춘 로이터링 무기(Loitering Munition) 형태로 개발되고 있다.[38]
- KF-21 보라매 연계 드론: 차세대 전투기 KF-21과 연계하여 유무인 복합 작전(Loyal Wingman) 시스템 구축을 목표로 스텔스형 전투 드론을 시험 개발 중이다.[39]

3) 북한의 드론 침투 대응을 위한 방어 및 요격 드론

- 요격 드론: 북한의 소형 드론에 대응하기 위한 요격 드론 기술이 개발 중이며, 고속 탐지 및 자동화 대응이 핵심이다.
- 레이저 방어 시스템: 레이저를 활용한 대드론 무기체계가 ADD를 중심으로 개발되고 있으며,[40] 이는 향후 미사일 방어체계와 통합될 전망이다.

---

38 빅데이터뉴스, "피씨디렉트 주가 급등 … '국산 자폭 드론 연내 실전 배치' 소식에 드론주 들썩", 2024년 10월 24일.

39 Business Korea, "KAI is developing a stealth unmanned combat aerial vehicle and loyal wingman to operate in conjunction with the KF-21," 8. 5. 2025.

40 매일경제, "ADD, 2023년 4월 레이저 대공무기 시험평가 성공 … '전투용 적합 판정' 획득", 2024년 5월 20일.

4) 군집 드론 운용 계획

- 육군 전술 실험: 다수의 초소형 드론을 동시 운용하여 도시지역에서의 정찰 및 기갑 부대 지원 작전을 실험 중이다.[41]
- 공군·해군 응용 확대: 공군은 공중 전투용 군집 드론, 해군은 해상 정찰 및 대함 전술용 드론 개발에 착수했으며, 합동전술 개념 정립이 진행 중이다.

5) 자율 전투체계와 유무인 복합 작전의 실현

한국은 북한의 비대칭 위협에 대응하고 전장 자동화를 실현하기 위해 드론을 핵심 자산으로 육성하고 있다. 향후에는 AI 기반 자율 전투체계와 유무인 복합 작전(MUM-T)이 주류가 될 것으로 보이며, 이는 단순 감시에서 벗어나 전략 전력으로서의 드론 위상을 강화하는 계기가 될 것이다.

---

41 세계일보, "적진 앞에서 흩어지며 '쾅' … '전장 게임체인저' 군집드론 만든다", 2024년 12월 8일.

6.
기타 국가들의 군사드론 동향

세계 각국이 군사드론 기술 개발에 박차를 가하면서, 드론은 현대전에서 없어서는 안 될 핵심 전력으로 자리 잡고 있다. 기존에는 미국과 이스라엘이 주도하던 군사드론 시장이 점차 다변화되면서 튀르키예, 이란 등 다양한 국가들이 각자의 군사 환경과 전략에 맞는 무인 전력을 구축하고 있다.[42]

1) 전장 패러다임을 바꾼 중견국의 반란, 튀르키예

튀르키예는 최근 가장 주목받는 군사드론 개발국 중 하나다. 국산 드론 '바이락타르 TB2(Bayraktar TB2)'는 2020년 나고르노-카라바흐 전쟁에서 아제르바이잔의 승리에 핵심적인 역할을 했으며,[43] 이후 우크라이나 전쟁

---

[42] Sanders, G., Butchart, R., Price, A., Steinberg, D., & Holderness, A., *Rising Demand and Proliferating Supply of Military UAS*, CSIS, 2023.

[43] CSIS, "Air and Missile War in Nagorno-Karabakh," CSIS Analysis, Dec 8, 2020 — notes heavy ground units including T-72 tanks and S-300 air defenses were destroyed by UAV and loitering

에서도 러시아군의 기갑과 방공 전력을 효과적으로 타격했다.

튀르키예 방산업체 바이카르(Baykar)는 TB2에 이어 악슨귀르(Aksungur)와 카이란(Kizilelma) 같은 차세대 스텔스 드론 개발에도 돌입했으며, 이는 유인기와 무인기의 협동 작전(Loyal Wingman)을 목표로 한다.[44] 특히 TB2는 중동, 유럽, 아프리카 등 여러 국가에 수출되며, 튀르키예를 세계 5대 드론 수출국 반열에 올려놓았다.

2) 비대칭 전략의 핵심 무기, 이란

이란은 미국 및 이스라엘과의 대결 구도 속에서 드론을 비대칭 전력의 핵심 수단으로 활용하고 있다. 대표적인 자폭 드론 '샤헤드-136'은 저렴하면서도 강력한 타격력을 갖추어 러시아가 우크라이나 전장에 대량 투입하면서 그 실효성이 입증되었다.[45] 이란은 이 외에도 모하제르(Mohajer), 아바빌(Ababil) 시리즈 등의 정찰 및 타격 드론을 다수 운용하고 있으며, 후티 반군(예멘) 및 헤즈볼라(레바논) 같은 친이란 무장조직에도 무인기를 공급함으로써 중동 내 간접 영향력 확대 전략을 구사하고 있다.[46]

---

munitions.

[44] Wikipedia, "TAI Anka-3 — a flying wing type stealth UCAV for long-range strike and EW, first flight Dec 2023; in Oct 2024, performed loyal wingman mission controlled by another aircraft," accessed 11 August 2025.

[45] Washington Institute for Near East Policy, "Iran's Drones in Ukraine: Shahed-131/136 and Their Strategic Impact," Policy Analysis, October 17, 2022.

[46] Wikipedia, "Qods Mohajer – used by IRGC and exported to Hezbollah," accessed 10 August 2025.

3) 파트너십 기반의 미래형 전투 드론 개발, 영국

영국은 미국과의 협력을 통해 MQ-9 리퍼를 도입해 아프가니스탄, 이라크, 시리아 등지에 실전 투입했으며, 현재는 차세대 전투기 프로그램 '템페스트(Tempest)'와 연계하여 AI 기반 무인 전투 드론을 개발 중이다. 이 드론은 유인 전투기와 함께 편대 비행을 수행하는 로열 윙맨(Loyal Wingman) 형태로 운용될 예정이며,[47] BAE 시스템즈, 롤스로이스, 레오나르도 등 영국 방위산업체들이 핵심 역할을 수행하고 있다.

4) 주변국 견제를 위한 국산 드론 개발 박차, 인도

중국 및 파키스탄과의 국경 분쟁을 겪고 있는 인도는 이스라엘과의 기술 협력을 통해 정찰용 드론 '헤론(Heron)'을 운용하고 있으며, 이를 라다크 지역 및 인도양 해역에서의 감시 임무에 투입하고 있다.[48] 자국산 드론 개발에도 속도를 내고 있으며, DRDO(국방연구개발기구)는 스텔스 드론 가탁(Ghatak)과 루스텀(Rustom) 시리즈를 개발 중이다. 특히 Ghatak은 스텔스 기능과 자동 목표 식별 기능을 갖춘 무인 전투기로, 향후 인도 공군의 핵심 무기로 자리 잡을 가능성이 높다.

---

[47] FlightGlobal. "UK continues to assess platform options for Tempest's autonomous wingman," April 22, 2025.

[48] The Defense Post, "India to Receive Israeli Heron Drones for China Border Deployment," May 27, 2021.

이들 국가들의 공통점은 단순한 기술 확보를 넘어서 전략적 자율성 확대, 영향력 강화, 군사 수출 시장 진입을 노리고 있다는 점이다. 특히 튀르키예와 이란처럼 중견국 혹은 제재 대상국이 드론을 통해 기존 군사력의 열세를 보완하거나 오히려 새로운 전장 전략을 주도하고 있다는 사실은 현대전의 핵심 축이 '무인화'와 '비대칭 전력'에 있다는 것을 보여준다.

제5장

드론을 통한 대테러 전략

1. 드론 기반 대테러 작전의 진화
2. 한국의 대테러 작전과 드론의 활용
3. 민간인 피해를 최소화하는 전략
4. 국제사회에서의 드론 사용 규제와 법적 논란, 드론과 국제법
5. 한국의 드론 관련 국내법과 국제법적 고려

드론은 정밀성과 실시간 감시 능력을 기반으로, 대테러 작전의 패러다임을 전환하는 핵심 무기로 부상했다.[1] 과거에는 지상군 투입을 통한 작전 수행이 일반적이었지만, 이는 군인 및 민간인의 희생을 동반할 수밖에 없었다. 반면, 드론을 이용한 작전은 적은 병력 손실로 신속하고 효과적인 임무 수행이 가능하며, 민간인 피해를 최소화하는 방향으로 발전하고 있다.[2]

그러나 드론의 활용이 항상 긍정적인 결과만을 낳는 것은 아니다. 테러리스트들이 민간지역에 은신하거나 인질을 인간 방패로 삼는 경우, 오폭 가능성이 발생한다. 이에 따라 군사기관은 정밀한 정보 수집과 고도화된 목표 식별 기술, 비살상 옵션, 실시간 임무 변경 시스템 등을 통해 불필요한 피해를 최소화하려는 노력을 지속하고 있다.

---

1   U.S. Department of Defense, *Unmanned Systems Integrated Roadmap FY2011-2036*, U.S. Department of Defense, 2013.

2   Ibid.

1.
드론 기반 대테러 작전의 진화

　　현대 대테러 작전에서 가장 중시되는 것은 정확한 정보 확보와 빠른 대응이다. 드론은 이러한 요구에 부합하는 전력으로, 고고도 정찰, 중고도 감시, 소형 탐지, 실시간 데이터 분석 등 다양한 역할을 수행하고 있다. 고고도 드론은 광역 감시 임무를 수행하며, 중고도 드론은 특정 지역을 장시간 감시해 활동 패턴을 분석한다. 소형 드론은 건물 내부와 같은 제한된 공간에서 적 위치와 인질 여부를 확인하는 데 활용된다.

　　최근에는 AI 기반의 데이터 분석 기술이 도입되어 드론이 수집한 영상 및 센서 데이터를 실시간으로 분석하고 테러리스트의 행동을 예측하는 수준까지 발전했다. 이를 통해 테러리스트와 민간인을 구별하고,[3] 오폭 가능성을 현저히 낮출 수 있게 되었다.

　　정밀타격 능력 역시 대폭 향상되었다. 레이저 유도, GPS 기반 타격 시스템은 고정 및 이동 목표 모두를 정밀하게 타격할 수 있으며, 주거 밀집지역에서는 소형 탄두와 제한된 폭발 반경의 유도무기를 활용해 비군사적 피해를 최소화한다. AI 기반의 목표 식별 시스템은 특정 인물의 얼

3　Defense Advanced Research Projects Agency (DARPA), "Mind's Eye," 2010.

MQ-9 리퍼 드론 이용 정찰 형상도

굴, 동작, 생체 패턴을 인식하여 테러리스트를 정확히 선별한다.

지휘체계도 원격 실시간 전략(Real-Time Strategy, RTS) 체계를 기반으로 고도화되고 있다. 지휘관은 현장에 직접 투입되지 않고도 드론 영상을 실시간으로 확인하며, 작전팀과 영상 및 음성으로 작전을 조율할 수 있다. 이는 작전 유연성과 정확도를 동시에 강화시키는 요인이다.

특히, 레이싱 드론과 소형 수직이착륙 드론은 건물 내부로의 침투 및 정밀탐색 임무에 적합하다. 실시간 3D 입체 영상 기술과 결합되면, 건물 구조를 스캔하여 홀로그램 형태로 전송하고, 작전팀은 시각화된 공간 정보를 바탕으로 진입 전략을 수립할 수 있다. 일부 작전에서는 홀로그램 기술을 활용해 테러리스트의 심리전에 대응하는 방안도 논의되고 있다.[4] 가족이나 유년기 모습 등을 시각화하고, 음성 메시지를 통해 투항을 유도하는 방식으로 교전 없이 제압할 수 있는 가능성을 모색 중이다.

---

[4] Maddox, J. D., "Emerging Technologies in Military Psychological Operations," Journal of Information Warfare, 2021.

> **MQ-9 리퍼를 활용한 '하일마르트 작전'(성공사례)**
>
> 2022년 미국은 MQ-9 리퍼 드론을 투입해 중동지역에서 이슬람 극단주의 조직 지도자를 제거하는 데 성공했다.[5] 이른바 '하일마르트 작전'으로 명명된 이 작전은 수일간 정찰 드론이 목표 인물을 감시하고, 민간인이 이탈한 직후 저위력 정밀유도 미사일을 사용해 목표를 제거했다. 이후 드론 영상 분석결과 민간인 피해는 거의 발생하지 않은 것으로 보고되었다.
>
> 이 작전에서 미국은 이슬람 극단주의 테러조직의 지도자를 제거하기 위해 MQ-9 리퍼 드론을 활용했다. 정찰 드론이 목표를 며칠간 감시하여 테러리스트의 동선을 파악했으며, 건물 내부에서 민간인이 나간 직후 소형 정밀유도 미사일을 이용하여 목표를 제거하는 방식이 사용되었다. 작전 후 추가 드론을 배치하여 피해 상황을 평가했으며, 민간인 피해가 거의 발생하지 않은 것으로 확인되었다. 이 사례는 정확한 목표 식별과 실시간 감시가 결합된 정밀타격의 성공적인 사례로 평가되며, 향후 대테러 작전에서 드론의 중요성을 다시 한번 입증하는 계기가 되었다. 이 사례는 드론을 활용한 정보수집, 목표 식별, 정밀타격, 피해 평가까지의 전 과정을 통합적으로 수행한 대표적 성공 작전으로 평가받고 있다.

향후 대테러 작전에서 드론은 단순 감시나 타격을 넘어, 심리전과 협상의 도구, 생체 데이터 기반 식별, 자동화된 임무 조율 등의 기능까지 통합하는 지능형 무기체계로 진화할 것으로 전망된다. 이러한 변화는 대테러 작전의 윤리성과 법적 정당성 확보에도 기여할 수 있으며,[6] 전략적 수준에서의 위협 제거 및 억제력 강화에 중요한 수단이 될 것이다. 이처럼 드론은 단순한 기술이 아니라 정보와 정밀성, 인간성과 억제력이라는 전장의 본질적 변화를 상징하는 상징적 무기체계로 자리 잡고 있다.

---

5   U.S. Central Command, "Precision Drone Strike in Middle East," August 3, 2022.

6   International Institute for Strategic Studies (IISS), "The Ethics of UAV Targeted Killing," Strategic Comments, March 17, 2023.

2.
한국의 대테러 작전과 드론의 활용

한국은 상대적으로 테러 위협이 낮은 국가로 평가되지만, 북한과의 지속적인 군사적 긴장, 국제 테러조직과의 연계 가능성, 주요 국제행사 개최 등의 요소로 인해 대테러 작전이 중요하게 다뤄지고 있다.[7] 특히 2002년 FIFA 월드컵, 2018년 평창 동계올림픽 등 국제행사를 개최하면서 국내 보안강화와 함께 대테러 작전의 필요성이 부각되었으며, 최근에는 드론을 활용한 대테러 작전과 안티 드론(anti-drone) 기술 개발이 활발히 이루어지고 있다.[8]

---

[7] 국무조정실, "제7차 국가테러대책위원회 보도자료", 대한민국 정책브리핑, 2018년 7월 16일.
[8] 대한민국 정부, "정부, 드론테러 대응 강화 … 원전 등에 열상감시장비 배치", 정책브리핑(정부 공식), 2023년 3월 29일.

1) 한국의 대테러 작전 개요

한국의 대테러 작전은 주로 경찰특공대(KNP-SWAT), 해군특수전여단(UDT/SEAL), 707특수임무단 등이 담당하고 있다.[9] 이들은 테러 발생 시 인질 구출, 폭발물 처리, 주요 시설 방어, 드론 및 무인 항공기 대응 등의 역할을 수행한다. 정부는 도심지역의 테러 대응, 공항 및 핵심 인프라 방어, 국제행사 대비, 북한의 대남 도발 대응 등을 중심으로 대테러 작전을 설계하고 있으며, 드론 기반의 감시 및 대응 체계를 점진적으로 구축하고 있다.

2) 드론의 대테러 작전 활용

① 주요 시설 및 공항 보안 감시

인천국제공항, 김포공항, 원자력발전소, 정부 청사, 국방부 등 주요 시설은 테러 위협 대상이 되기 쉬운 만큼, 이들에 대한 감시와 방어 체계가 강화되고 있다. 드론을 활용해 고도 감시체계가 운영되고 있으며, 비행금지구역 내에 진입하는 의심 드론은 자동 감지되어 경고 신호가 발령된다. AI 기반의 드론 탐지 시스템은 소형·상업용·자폭 드론까지도 구별할 수 있는 감지 알고리즘을 탑재하고 있으며, 일부 구역에서는 요격 드론을 배치하여 위협에 즉각 대응할 수 있는 구조를 구축 중이다.[10] 특히 드론 요

---

9 월간중앙, "한국 특수부대 대테러팀 장비", 2018년 3월 1일.
10 비즈한국, "국방과학연구소, 세계 최고 수준 드론 요격체계 개발 돌입", 2024년 2월 13일.

격은 네트 발사, EMP(전자기 펄스) 방해, GPS 재밍 등을 통해 수행된다.[11]

② 도심지역의 드론 기반 대테러 작전

서울, 부산, 대전 등 주요 도심에서는 드론을 활용한 실시간 감시 시스템이 운용되고 있다. 대규모 집회나 정상회담이 있을 경우, 경찰은 다수의 감시 드론을 띄워 군중 속 이상행동 탐지 및 교통 통제를 병행한다.

도심 내에서의 테러 발생 가능성에 대비해 초소형 정찰 드론이 경찰 특공대나 707부대에 의해 운용되고 있으며, 건물 내부의 구조를 3D 스캐

현장 상황 공유(현장-지휘소-지휘관) 형상도

---

11 비즈한국, "국방과학연구소, 세계 최고 수준 드론 요격체계 개발 돌입", 2024년 2월 13일.

닝 하거나 열화상 카메라로 테러리스트의 위치를 탐지하는 데 활용된다. AI 기반 영상분석 시스템은 인질과 테러리스트를 식별하며, 적절한 투입 타이밍을 지휘본부에 실시간으로 전달한다.

또한, 지하철역, 백화점, 체육관 등 다중 이용시설에 대한 드론 감시도 증가하고 있으며, 실시간 상황 판단이 가능한 드론 기반 경비 시스템이 점차 확대 적용되고 있다. 특히 무선통신 기반의 영상공유 시스템을 통해 드론이 수집한 정보를 각 부대가 동시에 공유함으로써 통합지휘가 가능해졌다.

③ 실제 대테러훈련 적용 사례

필자는 과거 대테러 훈련 중에 드론 기술을 실제로 활용한 경험이 있다. 그 경험은 그야말로 혁신적이었으며, 특히 RTS(Real-Time Streaming) 기술을 활용한 간접 지휘체계가 인상 깊었다. 현장에 지휘관이 직접 있을 수

드론 이용 내부 수색 형상도

없는 상황에서도 실시간으로 작전 상황을 지휘소 밖에서 확인하고 명령을 내릴 수 있다는 점에서 새로운 차원의 효율성을 실감할 수 있었다. RTS 기술 덕분에 현장과 지휘소 간의 소통은 끊임없이 이어졌고, 중요한 순간마다 빠르고 정확한 결정을 내릴 수 있었다. 이를 통해 지휘소 외부에서도 긴박한 상황에 신속히 대응할 수 있는 시스템이 어떻게 효과적으로 작동하는지 확실히 알게 되었다.

물론 제한사항도 있었지만 건물 3D 매핑을 활용해 건물 내부구조를 정확히 파악하고, 드론을 이용한 실시간 수색을 실시한 경험도 있었다. 그 과정에서 열화상 카메라가 얼마나 유용하게 쓰이는지, 특히 용의자와 인질의 위치를 정확히 파악하는 데 어떤 효과를 발휘하는지 확인할 수 있었다. 수색 중 드론이 제공한 실시간 영상은 현장 지휘소에서 3D 매핑을 기반으로 한 홀로그램으로 변환되어 입체적인 작전 지휘를 가능하게 했다. 이 입체적 정보는 테러리스트가 숨을 수 있는 곳을 정확히 추적하고, 인질

드론 이용 건물 형상화

을 안전하게 구출할 수 있는 타이밍을 파악하는 데 필수적이었다.

　이 경험을 통해 대테러 작전에서의 자원 배분과 의사결정 속도가 얼마나 중요한지, 그리고 드론 기술이 그 속도를 어떻게 가속화할 수 있는지 깨달았다. 실시간 데이터 처리와 정밀한 정보 수집은 상황을 더욱 명확하게 분석하게 만들었고, 빠르게 대응할 수 있는 기반을 제공해주었다. 무엇보다, 이 기술들이 대테러 작전에서 시간을 절약하고, 정확한 대응을 가능하게 하여 대규모 피해를 최소화할 수 있는 중요한 요소로 자리 잡고 있다는 것을 실감했다.

　드론 기술의 발전과 전술적 활용은 이제 대테러 작전의 필수적인 부분이 될 수 있을 것이라 생각한다. 드론을 통한 실시간 감시·수색·요격 기술 등이 지속적으로 발전함에 따라 미래의 대테러 작전은 더욱 효율적이고 정교해질 것이다. 이러한 기술들이 우리 사회의 안전을 지키는 중요한 역할을 하게 될 것이라는 점에서, 그 가능성은 매우 크다고 할 수 있다.

3) 기술 발전과 향후 전망

　한국은 드론을 활용한 대테러 작전을 기술적 측면에서도 강화하고 있다. AI 기반 자율비행 시스템은 GPS 신호가 불안정한 환경에서도 안전 비행이 가능하도록 보완되었으며, 도심 내 전파 간섭 문제에 대한 대응 기술도 연구되고 있다.[12] 향후에는 UAV 스웜(군집 드론) 기술을 통해 다수의

---

[12] 국토교통부, "도심항공교통(UAM) 개념 및 추진현황", 국토교통부 보도자료, 2020년 6월 4일.

드론이 동시에 감시 및 작전을 수행할 수 있도록 발전할 계획이다.[13] 이는 도심 내 동시다발 테러 시나리오에 효과적으로 대응할 수 있는 전략으로, 경찰청 주도의 노력 중에 있다.

드론 기반 대테러 시스템은 단순 감시를 넘어, 비살상 전자전, 음성송출을 통한 심리적 압박, 고정형 방어 드론 활용 등 다각적인 전술로 확장될 수 있다. 이는 한국이 직면한 안보환경과 테러 위협에 능동적으로 대응할 수 있는 현대적 시스템의 구축을 의미하며, 국제사회의 안보 협력에서도 높은 평가를 받을 수 있을 것으로 보인다.

---

13 부산일보, "드론의 공습, 달라진 전쟁". 2022년 5월 14일.

3.
민간인 피해를 최소화하는 전략

드론을 활용한 대테러 작전에서 가장 큰 윤리적 문제 중 하나는 민간인 피해의 가능성이다.[14] 테러조직은 종종 민간지역에 은신하거나 인질을 이용하여 군사 공격을 회피하는 전략을 사용한다.[15] 이들은 학교, 병원, 시장, 주거지역과 같은 인구 밀집지역에서 활동하면서 공격을 어렵게 만들며, 이를 이용해 선전전에 활용하기도 한다. 이러한 상황에서 무분별한 공습이나 오폭은 의도치 않은 인명피해를 초래할 위험이 높아지며, 국제인권법 위반 논란으로 비화될 수 있다. 따라서, 대테러 작전에서는 민간인 피해를 최소화하면서도 효과적인 작전을 수행하는 것이 핵심적인 과제로 떠오르고 있다.

---

[14] David Dambre, Assessing the Ethical and Legal Use of Unmanned Aerial Vehicles in Military Operations by the U.S. Army AFRICOM, SSRN, 2023.

[15] NATO Strategic Communications Centre of Excellence, *Hamas' Human Shield Strategy in Gaza*, 2025.

1) 정밀타격을 위한 검증 시스템: Human-in-the-Loop(HITL)

오폭을 방지하기 위해 많은 군사기관에서는 'Human-in-the-Loop(HITL)' 시스템을 도입하고 있다. 이 시스템은 AI 기반 분석과 인간 조종사의 2단계 검증을 거친 후에만 타격을 승인하는 방식이다.[16] AI가 드론의 실시간 영상과 감지 데이터를 분석하여 표적을 탐지하고, 적군과 민간인을 구별한 후 숙련된 인간 조종사가 이를 최종 확인하고 공격을 승인한다. 생체 정보(얼굴 인식, 행동패턴 분석)와 통신감청 기술을 결합하여 목표물이 실제 테러리스트인지 철저히 검증하는 시스템도 병행되고 있다.

 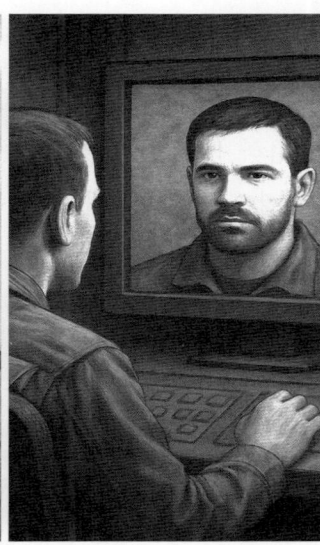 

AI 분석 – 조종자 검증 – 타격

---

16 Benjamin Perrin, "Lethal Autonomous Weapons Systems & International Law: Growing Momentum Towards a New International Treaty," *ASIL Insights*, Vol. 29, Issue 1, Jan 24, 2025. American Society of International Law.

2) 정밀 유도탄과 제한적 폭발 반경 무기 사용

드론의 타격 효과를 극대화하면서도 민간인 피해를 줄이기 위해 정밀 유도탄(Precision-Guided Munitions, PGM)이 적극 활용되고 있다. 소형 탄두 및 제한적 폭발 반경을 갖춘 미사일이 사용되며, 레이저 유도, GPS 유도, 적외선 탐지 등으로 정확도를 높인다. 대표적인 예로, 미국의 AGM-114R9X '닌자 미사일'은 폭발 대신 칼날로 표적을 제거하여 주변 피해를 최소화하는 방식이다.[17]

3) 야간 작전과 감시 기술의 발전

적의 야간 활동에 대응하기 위해 AI의 인공지능과 컴퓨터 비전 기술을 활용한 야간 열화상 영상에서 무기, 인물, 차량 등의 표적을 식별하고 추적 기능을 수행할 수 있게 발전하고 있다.[18]

---

[17] The Guardian, "US military used 'ninja' non-explosive drone missile in Syria," September 25, 2020.

[18] GlobeNewswire, "Red Cat and Athena AI Announce Breakthrough Artificial Intelligence and Computer-Vision Capabilities for Teal 2 Military-Grade Drone," June 20, 2023.

4) 비살상 무기(Non-Lethal Weapons)의 활용

비살상 무기를 통한 제압 기술도 드론과 결합되고 있다. EMP(전자기 펄스) 무기는 적의 장비를 무력화시키고, 고출력 마이크로파는 통신장비를 정지시키며, 음파 무기는 인지적 교란을 유도한다. 드론 기반 네트 발사 장치는 네트로 도주하거나 위협적인 표적을 물리적으로 제약하여 생포하거나 제압하는데 효과적인 비살상 수단이다.[19]

5) 대중과의 협력 및 심리전

지역 주민과의 협력을 통한 정보 제공 및 작전 사전 통보도 윤리적 작전 수행의 핵심이다. 정보기관은 위험지역 주민에게 사전 경고를 발송하고, 심리전을 통해 테러리스트의 선전전을 차단하며, SNS나 방송 등을 활용하여 허위 정보를 차단한다.

이러한 전략은 국제사회의 정당성을 확보하고, 작전의 효과를 극대화하는 수단으로 작용하고 있다.

---

19   Massingham, Eve, "Distinction, Necessity and Proportionality in Cyberspace," *International Review of the Red Cross*, Vol. 94, No. 886, 2012, pp. 803-835.

4.
국제사회에서의 드론 사용 규제와 법적 논란, 드론과 국제법

드론의 발전과 함께 군사적 활용이 확대되면서 국제사회에서는 무인항공기를 활용한 군사작전의 법적 문제의 해석, 국제인권법 및 전쟁법의 준수 여부에 대한 논란이 계속되고 있다.[20] 특히, 국제법의 기존 틀 내에서 드론 공격을 어떻게 해석할 것인지, 그리고 드론을 이용한 군사적 행동이 국제인권법과 전쟁법을 어떻게 준수해야 하는지에 대한 논란은 현재 진행형이다.

드론을 활용한 군사작전이 본격적으로 사용되기 시작한 것은 2000년대 초반, 미국이 아프가니스탄과 이라크에서 MQ-1 프레데터 및 MQ-9 리퍼 드론을 이용하여 테러리스트를 제거하면서였다. 이후 드론은 중동, 아프리카, 중앙아시아 등 다양한 지역에서 광범위하게 사용되었으며, 이 과정에서 국제법 위반 논란과 민간인 피해 문제, 국가주권 침해 문제 등이 꾸준히 제기되었다. 국제사회는 드론을 활용한 군사작전의 법적

---

20 UNIDIR (United Nations Institute for Disarmament Research), *The Use of Armed Drones under International Law*, UNIDIR, 2021.

정당성을 논의하면서도 현행 국제법이 무인 전투 시스템을 충분히 반영하지 못하는 한계를 드러내고 있으며, 이에 따라 드론 운용에 대한 새로운 법적 규범을 마련해야 한다는 목소리도 증가하고 있다.

1) 군사적 사용에 대한 법적 해석

드론을 이용한 군사적 행동은 국제인권법, 무력충돌법(국제인도법), 그리고 국가주권 원칙 등과 연계하여 해석된다.

① 국제인권법과 드론 사용

국제인권법은 비전시 상태에서 국가의 법적 의무를 규정하며, 무력 사용이 자의적으로 이루어지지 않도록 규제하는 역할을 한다. 특히 국제인권규약(ICCPR)의 제6조는 모든 개인의 생명권을 보호할 의무를 국가에 부여하고 있으며, 사망에 이르게 하는 국가의 무력 사용은 '임박하고 불가피한 위협'에 대한 대응으로 한정되어야 한다.[21]

② 무력충돌법과 드론 사용

국제인도법은 무력 충돌 시 민간인 보호, 정당한 군사 목표에 대한 타격 등 기본 원칙을 요구한다. 교전의 대상이 되는 적군과 민간인을 명확

---

21 UN Human Rights Committee, *General comment No. 36 (2018) on article 6 of the International Covenant on Civil and Political Rights, on the right to life*, CCPR/C/GC/36, 30 October 2018.

히 구분하고,²² 불필요한 고통과 과도한 피해를 방지해야 한다.

③ 국가주권 원칙과 드론 사용

국제법상 타국 영토에서의 무력 사용은 해당 국가의 동의가 없을 경우 위법으로 간주될 수 있다. 유엔 헌장 제2조 4항은 주권과 영토 보전을 침해하는 무력 사용을 금지하고 있으며,²³ 비공식적 협조나 묵인은 국제법적으로 불충분할 수 있다.

2) 국제사회에서 드론 사용 규제 논의

① UN과 국제인권기구의 규제 논의

유엔 특별보고관 크리스토프 하인스(Christof Heyns)와 벤 에머슨(Ben Emmerson)은 드론의 법적 지위, 운용 투명성, 책임성 확보에 대한 보고서를 발표했다. 이들은 드론이 국제인권법 및 국제인도법을 위반할 가능성이 높다는 점을 강조했다.²⁴

---

22 International Committee of the Red Cross, *International Humanitarian Law and the Challenges of Contemporary Armed Conflicts*, ICRC, 2019.

23 United Nations, *Charter of the United Nations*, Article 2(4), 26 June 1945.

24 Christof Heyns, "Report of the Special Rapporteur on extrajudicial, summary or arbitrary executions," UN Human Rights Council, UN Doc. A/HRC/23/47, 2013; Ben Emmerson, "Report of the Special Rapporteur on the promotion and protection of human rights and fundamental freedoms while countering terrorism," UN Doc. A/69/397, 2014.

② 무장 드론에 대한 조약 제정 논의

드론의 무분별한 군사적 사용을 방지하기 위한 국제협약의 필요성이 제기되고 있다.[25] 그러나 미국, 중국, 러시아 등 주요 군사 강국들은 군사적 자율성을 이유로 소극적이다.

③ 국가별 드론 사용에 대한 입장

유럽 국가들, 특히 독일과 프랑스는 드론의 무분별한 군사적 사용이 초래할 수 있는 민간인 피해와 국제법 위반 가능성에 대해 우려를 표하며, 이를 규제하려는 움직임에 적극적이다. 반면, 미국과 이스라엘은 드론이 제공하는 작전상의 유연성과 전략적 이점을 강조하며, 지나친 규제는 국가안보와 전장 효율성을 저해할 수 있다고 주장하고 있다. 또한 많은 개발도상국은 드론 작전이 자국의 주권을 침해하고, 민간인 피해를 증가시킬 수 있다는 우려를 제기하며, 국제사회에 보다 엄격한 통제와 투명성을 요구하고 있다.

결론적으로, 드론의 등장은 단순히 전쟁의 방식만 바꾼 것이 아니라 민간인 보호 강화, 국가주권 존중, 책임성과 투명성 확보 등 국제법 해석의 기준에도 큰 변화를 촉발하고 있다. 이러한 과제가 향후 드론 운용규범 제정의 핵심이 될 것이다.[26] 결국, 드론을 이용한 군사작전이 국제법과 어떻게 조화를 이룰 수 있는지에 대한 논의는 국제 안보와 인권 보호의 중심 과제로 지속될 전망이다.

---

25 Ibid.

26 Arms Control Association, *Emerging Technologies and Nuclear Weapon Risk Reduction*, ACA, 2022.

5.
한국의 드론 관련 국내법과 국제법적 고려

　드론 기술의 급속한 확산은 국가 안보와 시민 안전, 그리고 국제질서의 경계를 동시에 흔들고 있다. 한국은 드론의 무분별한 운용으로 인한 사회적·안보적 위험을 최소화하기 위해 항공안전법, 개인정보보호법, 군사기밀보호법 등 다층적 규제체계를 마련해왔다.

　그러나 기술 발전 속도가 법·제도적 대응을 앞지르면서 사생활 침해, 공역 침범, 군사용 전용 등 복합적 문제가 새롭게 대두되고 있다. 이러한 상황에서 국제사회는 인권법, 국제인도법, 유엔 헌장 등 국제법적 기준을 통해 드론 운용의 정당성과 국가 주권의 범위를 규율하고 있으며, 대한민국 역시 이를 수용해 군사·민간 운용의 합법성과 책임성을 확보하려 노력 중이다.

　결국 드론 시대의 법적 과제는 기술의 효율성과 인권·안보의 균형을 어떻게 유지할 것인가에 달려 있으며, 이는 앞으로 한국이 국제적 규범 형성 과정에서 어떤 역할을 수행하느냐에 따라 그 방향이 결정될 것이다.

1) 한국의 드론 관련 법제

드론 기술의 비약적인 발전에 따라 대한민국 정부는 드론의 안전한 운용과 무분별한 사용으로부터 발생할 수 있는 사회적·안보적 문제를 예방하기 위한 법적·제도적 장치를 지속적으로 정비해오고 있다. 국내법상 드론은 주로 '무인항공기' 또는 '초경량비행장치'로 분류되며, 다음과 같은 관련 법령들이 적용된다.

① 「항공안전법」에 따른 운용 규제

「항공안전법」은 드론의 등록, 기체 인증, 비행 승인 절차, 비행 금지 구역 설정, 고도 제한, 야간·비가시권 비행의 제한 등을 규정하여 드론 운용의 안전성을 확보하고 있다.[27] 예컨대 도심 밀집지역이나 공항 반경 9.3km 이내에서는 비행이 원칙적으로 제한되며, 비행하려면 사전에 비행 승인 또는 비행 예외 허가를 받아야 한다.[28]

② 「개인정보 보호법」과 사생활 침해 문제

드론에 탑재된 카메라로 촬영된 영상이 개인 식별이 가능한 경우, 이는 개인정보 수집으로 간주되어 사전 동의 없이는 불법촬영이 될 수 있다.[29] 또한, 「성폭력범죄의 처벌 등에 관한 특례법」에서는 불법촬영 행위

---

[27] 대한민국 법제처, 「항공안전법」 제23조 제1항 및 제2항, 제129조, 제129조의2, 제161조, 2023년 개정, 국가법령정보센터.

[28] 대한민국 법제처, 「항공안전법」 제129조의2, 2023년 개정, 국가법령정보센터.

[29] 대한민국 법제처, 「개인정보 보호법」 제2조·제15조, 2023년 개정, 국가법령정보센터.

가 명확히 처벌 대상임을 규정하고 있다.[30]

③ 군사·보안 목적의 드론 운용

군사 목적의 드론은 「군사기밀 보호법」, 「방위사업법」, 「국가보안법」 등의 적용을 받는다.[31] 군에서 운용되는 감시·정찰·공격용 드론은 보안 및 전략적 민감성을 지니며, 군사기지 내 무단 촬영이나 비행은 형사처벌 대상이 된다.

2) 군사드론 사용과 국제법적 고려

드론의 군사적 사용은 국제법적으로도 매우 복잡한 문제를 동반한다. 대한민국은 국제사회의 일원으로서, 다음의 3대 국제법적 기준을 고려한 드론 운용정책을 수립 중이다.

① 국제인권법과 드론 사용

국제인권법, 특히 「시민적 및 정치적 권리에 관한 국제규약」(ICCPR) 제6조는 생명권을 핵심 권리로 보장한다.[32] 이 규정은 평시에도 국가가 자의적인 생명 박탈을 하지 못하도록 규정하며, 표적 제거(Targeted Killing)가

---

[30] 대한민국 법제처, 성폭력범죄의 처벌 등에 관한 특례법」제14조, 2023년 개정, 국가법령정보센터.

[31] 대한민국 법제처, 「군사기밀 보호법」, 2023년 개정, 국가법령정보센터.

[32] United Nations, *International Covenant on Civil and Political Rights (ICCPR)*, Article 6, 1966.

이 기준을 위반할 가능성이 크다는 점에서 논란이 된다. 드론을 통한 사살이 '임박하고 회피 불가능한 위협'에 대응한 정당한 자위였는지에 대한 판단은 모호한 경우가 많다. 원격 감시 기반의 즉각적인 타격은 현장 검증의 부재로 오판 가능성을 내포한다.[33]

② 국제인도법(IHL)과 드론 운용의 정당성

전쟁 상황에서의 드론 운용은 1949년 「제네바협약」과 1977년 「제1추가의정서」 등 「국제인도법」의 적용을 받는다.[34] 군사적 타격은 다음 원칙을 따라야 한다.

- 첫째, 구별 원칙(Distinction): 민간인과 전투원을 명확히 구별해야 함
- 둘째, 비례 원칙(Proportionality): 군사적 이득에 비해 과도한 민간인 피해는 안 됨
- 셋째, 필요성 원칙(Military Necessity): 군사적 필요가 정당화될 때만 무력 사용 가능

드론은 이러한 세 가지 원칙을 기술적으로 만족시키는 데 유리한 수단이나, 오작동, 정보 부족 등으로 인한 오폭도 다수 발생해왔다.[35]

---

33 United Nations Human Rights Council, *Report of the Special Rapporteur on extrajudicial, summary or arbitrary executions*, A/HRC/14/24/Add.6, 28 May 2010.

34 Protocol Additional to the Geneva Conventions of 12 August 1949 (Protocol I), especially Articles 48 and 51.

35 Krebs, S., "Above the Law: Drones, Aerial Vision and the Law of Armed Conflict – a socio-technical approach," *International Review of the Red Cross*, Vol. 105, No. 924 (Dec. 2023).

③ 국가주권 원칙과 국외 작전의 정당성

국제법은 유엔 헌장 제2조 4항을 통해 타국 영토에서의 자의적 무력 사용을 금지한다.[36] 드론은 비병력 투입으로 국경을 넘어 공격이 가능하다는 점에서, 자칫 타국의 주권 침해 문제로 직결된다. 한국은 평시에는 자위권 행사 요건, 국외 정부의 명시적 동의, 국제 안보결의 이행 등 정당한 법적 근거 없이 드론을 무단 운용하지 않는 것을 원칙으로 한다.

대한민국은 앞으로 드론 관련 법제를 기술 발전 속도에 맞춰 탄력적으로 재정비할 필요가 있다. 또한, 인권 보호와 국제법 준수라는 보편적 원칙 위에서, 군사·보안 분야에서도 신뢰 가능한 기준을 마련함으로써 국내외 안보 위협에 보다 책임감 있게 대응해나가야 할 것이다.

---

[36] United Nations, *Charter of the United Nations*, Article 2(4), 26 June 1945.

제6장

육군 중심의 제대별 드론 운용 및 해·공군 통합

1. 드론을 활용한 군사시설 경계   2. 침투부대의 효율적인 드론 운용
3. 소대 및 중대 단위의 소부대에서의 드론 운용
4. 대대 및 여단 단위의 효율적 드론 운용   5. 사단 이상급 작전에서의 드론 운용
6. 해군과 공군의 통합 드론 운용 및 다영역 작전(MDO) 개념 적용
7. 군사분야 사용자 노력

1.
드론을 활용한 군사시설 경계

병력 자원의 급감과 작전환경의 복잡화는 더 이상 인간 중심의 감시·경계 체계만으로 국가 안보를 유지하기 어렵게 만들고 있다. 이에 따라 드론을 활용한 무인 감시체계는 병력 절감과 효율적 경계 수행을 동시에 달성할 수 있는 대안으로 부상하고 있다.

다만 현장에서는 병력 부족 속에서 무인 감시체계가 구축되더라도, 장비나 기능이 한두 가지만 누락되면 경계작전에 적지 않은 영향을 미칠 수 있다. 따라서 이러한 구성 요소들이 실제 운용 단계에서 제대로 갖춰져 있는지 사전에 점검하는 과정이 무엇보다 중요하다.

자율비행, 실시간 영상 전송, 인공지능 기반 이상 탐지, 자동충전 플랫폼 등으로 구성된 드론 경계체계는 기존의 인력 순찰이나 CCTV 감시를 대체하며, 야간 및 사각지대 극복도 가능하다. 이미 여러 국가가 국경선 지역 등에 드론 순찰·탐지 체계를 실전 배치하고 있으며, 이는 단순한 기술 도입이 아니라 군사 경계 패러다임의 전환을 의미한다. 향후 이러한 기술 기반 감시체계를 제도적·전략적 수준에서 정착시키면서 '최소의 인력으로 더 넓은 영역을, 더 정확하게 지키는 체계'로 점진적으로 발전시켜 나가야 할 것이다.

1) 인력자원 감소와 감시체계의 변화 필요성

대한민국은 출산율 감소로 인한 병역 자원 부족이라는 구조적인 도전에 직면해 있다. 통계청과 병무청의 자료에 따르면, 2030년 이후 병역 대상 인구는 현재 대비 20% 이상 감소할 것으로 전망된다.[1] 실제로 장교 및 부사관 지원율은 최근 몇 년간 지속적으로 하락하고 있으며, 복무 중인 간부 중 일부는 조기 전역을 희망하는 경향이 뚜렷해지고 있다.

이러한 상황에서 군은 인력 중심의 감시·경계 체계에서 벗어나 보다 효율적이고 지속 가능한 경계체계 구축이 절실한 과제로 대두되고 있다. 이에 따라 주목받고 있는 대안 중 하나가 드론을 중심으로 한 무인 감시

드론 중심의 무인 감시 시스템 개념도

---

1 조선일보, "군대 갈 사람 없자 … 키 175cm에 120kg 넘어도 현역 간다", 2023년 12월 15일.

시스템이다.

드론은 고정형 CCTV나 순환식 인력 감시체계의 한계를 극복할 수 있는 기술로, 특정 지역을 입체적·지속적으로 감시할 수 있다.[2] 특히 열화상 카메라, 레이더, IR 센서 등 다양한 센서를 장착한 드론은 야간이나 악천후 속에서도 감시가 가능하다. 기본 구성요소는 다음과 같다.

- 자동화된 비행 경로 설정 및 반복 순찰
- 실시간 영상 송출 및 AI 기반 분석 시스템
- 긴급 상황 발생 시 경고방송·경광등·탐조등 활용
- 사각지대 최소화를 위한 CCTV-드론 연계
- 배터리 자동 교체 또는 무선충전 도크 운영

이러한 체계는 인력 감시 대비 50~70% 수준의 운영 비용으로 그 이상의 효과를 기대할 수 있다.[3]

2) 운용 기술 및 인프라 구축 방안

- 충전·배터리 관리 시스템
- 무선충전 도크 또는 자동 배터리 교체형 플랫폼 필요

---

[2] 한국지능정보사회진흥원, 「AI, IoT, 드론, 무인 경계 시스템의 현재와 미래」, 한국지능정보사회진흥원, 2024.

[3] AGS Protect Blog, "Cost-Effective Security: Comparing Drone Security to Traditional Methods," January 26, 2025.

- AI 기반 자동분석 시스템
- 이상 행동패턴 자동 인식 및 경고 기능 도입
- 비상 대응체계 연계
- 경보 시스템과 병력 간 통신 연계체계 마련

3) 해외 사례 및 정책 동향

- 미국: 텍사스 국경지대에 드론 기반 탐지 - 추적 - 경고 체계 운영 중[4]
- 중국: 주요 군사기지 주변 드론 순찰망 및 통합 감시센터 구축(기술 기업 특허 및 보고서 참조)[5]
- 이스라엘: 국경선 감시 및 위협 자동 추적 기능 구현 중[6]

4) 정책 제언 및 미래 발전 방향

드론 기반 군사시설 감시는 병력 감소에 대비한 전략으로, 다음과 같

---

4   U.S. Customs and Border Protection, "Air and Marine Operations: Unmanned Aircraft System (AMO UAS) Overview," 2023.

5   South China Morning Post, "China showcases full spectrum of drone technology in 'border control' exercise," July 22, 2025.

6   한국지능정보사회진흥원, "AI, IoT, 드론, 무인 경계 시스템의 현재와 미래", 한국지능정보사회진흥원, 2024.

은 방향으로 진화해야 한다.

- 다기능 플랫폼화: 감시 외에도 소형 화물 운송, 무선 중계, 구조 임무 수행 가능
- 자율성 강화: AI 기반 자율비행과 기존 경계 시스템 연계
- 적 드론 대응 병행: 탐지·차단·요격 체계 병행 구축

첨단기술 기반 경계체계로의 전환은 병력 부담 완화, 감시 정확도 향상, 비용 효율성 제고라는 세 가지 축에서 중요하며, 장기적인 전략 수립과 법·제도 정비가 병행되어야 한다.

2.
침투부대의 효율적인 드론 운용

 침투부대는 적의 후방 깊숙이 침투하여 정보 수집, 목표 제거, 시설 파괴, 전자전 수행 등의 임무를 맡는 특수작전 부대로, 제한된 인원과 장비로 최대한의 효과를 내야 하는 전술적 필요성이 크다. 드론은 이러한 침투 작전에서 병력의 부담을 줄이고, 정보 수집 및 작전 수행능력을 강화하는 핵심적인 장비로 자리 잡고 있다.[7]

특히 침투 방식은 공중, 해상, 지상 또는 이들의 혼합 방식으로 이루어지며, 작전요원들의 피로도를 줄이기 위한 휴대 물자의 경량화, 은밀한 작전 수행 필요성 등을 고려할 때 드론의 활용은 필수적이라 볼 수 있다. 소형 정찰 드론과 감시용 드론을 통한 사전 정보 획득, 전자전 드론을 활용한 감시망 교란, 자폭 및 무장 드론을 통한 정밀타격, 보급 및 구조 드론을 통한 작전 지속성 확보는 침투부대의 임무 수행에 있어 결정적인 역할을 한다.

---

[7] Business Insider, "US special operators want drones to help them execute a dangerous mission — fighting in caves," March 13, 2025.

1) 감시·정찰 드론을 이용한 정보 획득

침투부대의 가장 중요한 임무 중 하나는 적진에 대한 정확한 정보 수집이다. 기존에는 부대원들이 직접 정찰해야 했으나, 드론을 활용하면 위험을 최소화하면서도 보다 신속하고 정밀한 정보 획득이 가능하다.[8] 적 병력 배치, 감시장비 위치, 장애물 구성 등을 드론을 통해 탐지할 수 있으며, 실시간 영상 전송과 AI 기반 영상분석 기능을 통해 사전 작전계획 수립에 결정적인 자료를 제공한다.

적 후방에서의 감시·정찰

---

[8] Sentrycs Website, "Counter-Drone Solutions for Special Forces," 2025.

2) 초소형 정찰 드론을 활용한 은밀한 탐색

손바닥 크기의 초소형 정찰 드론은 소음이 적고, 야간 비행과 실내 비행이 가능해 은밀한 탐색 임무에 적합하다. 건물 내부의 구조 파악, 시가전에서의 사각지대 확인, 적의 매복 여부 탐지 등에 사용되며, AI 기반 자율비행 기능을 통해 병력의 노출 없이 안전하게 정찰할 수 있다.[9]

3) 중거리 정찰 드론을 이용한 광범위 감시

10~20km의 작전 반경을 감시할 수 있는 중거리 드론은 장시간 체공하면서 광범위한 지역에 대한 정찰이 가능하다. 열화상 카메라와 다중 스펙트럼 센서를 활용해 야간이나 악천후에도 적의 움직임을 탐지하고, 위장된 병력이나 장비를 식별할 수 있다. 이는 침투부대가 작전 중 마주할 수 있는 위험 요소를 사전에 차단하는 데 기여한다.

4) 전자전 드론을 활용한 감시장비 및 통신망 교란

전자전 드론(EW Drone)은 GPS 교란, 통신망 차단, 레이더 무력화 등의 기능을 수행한다. 침투 작전 중 적의 감시장비에 노출되거나 통신망을 통해 위치가 전달될 경우 작전이 실패할 가능성이 높아지기 때문에, 전자전

---

[9] Sentrycs Website, "Counter-Drone Solutions for Special Forces," 2025.

드론을 통해 이러한 리스크를 사전에 제거하는 것이 중요하다.

5) 공격 및 전투 지원 드론을 활용한 정밀타격

- 자폭 드론(Loitering Munition): 교전 회피 등으로 노출을 최소화해야 하나, 필요시 적의 감시 초소, 병력, 차량 등에 정밀타격을 가함으로써 침투 작전의 노출 가능성을 최소화하고, 병력의 생존율을 향상시킨다. 저소음, 소형 설계로 은밀성이 뛰어나다.
- 무장 드론: 소형 폭탄, 유탄 발사기, 기관총 등 다양한 무기를 탑재해 병력의 직접 교전을 피하면서도 원거리에서 화력을 지원할 수 있다. 시가전 및 밀집 전투지역에서 특히 유용하다.

6) 구조 및 보급 드론을 활용한 작전 지속능력 확보

침투 작전 중 부상자 발생 또는 보급품 부족 상황에서 구조 및 보급 드론은 작전 지속성을 확보하는 데 필수적이다.

- 보급 드론: 기존의 공중 재보급 수단을 드론으로 전환하여 탄약, 의약품, 식량 등을 자동화된 시스템으로 전달하며, GPS 기반 정밀 투하 기능을 통해 신속하고 정확하게 보급을 수행한다.
- 구조 드론: 열화상 센서 등을 이용해 부상자의 위치를 탐지하고, 예

드론을 활용한 공중 재보급 및 환자 구호

를 들어, 중국에서는 꼬리 착·이륙(Tail-sitter) 방식의 드론이 산악 재난 현장에서 자율 경로 계획과 실시간 상황 인식을 통해 훈련에 활용되었고, 우크라이나 전선에서는 고립 병사에게 전기 자전거를 공중 투하해 실제 구조에 성공한 사례도 있다.[10]

7) 침투부대 드론 운용의 중요성

드론 운용은 침투부대의 생존성과 작전 성공률을 높이는 핵심 요소로 부상하고 있다. 이는 단순한 기술 장비의 도입을 넘어, 전술 개념의 혁신과 군사작전의 구조적 전환을 의미한다.

---

[10] Liu Zhen, "China unveils new drone that takes off and lands on its tail like a rocket," South China Morning Post, July 18, 2025; The War Zone, "Drone-dropped electric bikes save Ukrainian soldier during combat," July 31, 2025.

- 정찰 드론: 정보 우위 확보
- 전자전 드론: 은밀한 작전환경
- 공격 드론: 정밀타격 및 교전 회피
- 보급 및 구조 드론: 작전 지속성 및 병력 보호

    대한민국 국방과학연구소(ADD)와 방위사업청은 이러한 작전환경 변화에 대응하기 위해 침투 및 정찰용 드론의 고도화에 주력하고 있으며, 향후 AI 기반의 자율 작전 시스템과 통합 운용체계 구축이 기대된다.[11] 드론 기술을 얼마나 유기적으로 통합하느냐가 특수전 능력의 질적 격차를 결정짓는 시대가 도래하고 있다.

---

11 대한민국 국방과학연구소(ADD), KUS-FS 중고도 무인기 개발 자료, 2022; 방위사업청, "드론 전력화 사업 추진 현황 및 계획," 보도자료, 2023년 6월 1일.

3.
소대 및 중대 단위의 소부대에서의 드론 운용

전장의 변화 속에서 드론은 이제 단순한 정찰 도구를 넘어 소대 및 중대 단위에서도 실시간 정보 공유, 목표 탐색, 화력 지원, 전자전 대응, 전장 개척 및 방어 작전 지원 등의 다양한 임무를 수행하는 핵심 전력으로 자리 잡고 있다. 소부대 단위에서 드론이 효과적으로 운용되기 위해서는 부대의 전술적 역할과 전장의 특성에 맞춘 드론 운용체계가 구축되어야 하며, 이를 통해 병력의 생존성을 극대화하고 작전 수행능력을 향상시킬 필요가 있다. 특히 대한민국 군이 추진 중인 네트워크 중심 전투(Network-Centric Warfare) 구조에서는, 전장 내 통신 두절 시를 대비한 중계 드론, 근거리 화생방 정찰 드론, 지뢰 및 장애물 탐지 드론, 방어용 장애물 설치 드론 등의 체계적인 도입이 필수적이다.

1) 소대 및 중대 단위에서의 드론 운용의 필요성

소대와 중대는 전장에서 가장 기동성이 뛰어난 부대 단위로, 전술적 임무 수행을 위한 신속한 기동과 전투력이 요구되는 핵심 전력이다. 전통적으로 소부대는 정찰과 감시, 전투 수행, 방어 작전, 기동 작전 등의 임무를 수행하며, 이 과정에서 병력의 생존성과 작전 수행 효율성이 중요하게 작용해왔다.

하지만 통신 제한, 지형적 장애물, 적의 지뢰 및 장벽 등 다양한 전장 환경적 요소가 전투 수행에 제약을 가하고 있다.[12] 이를 극복하기 위한 드론 운용은 단순한 보조 수단이 아니라 생존성을 높이고 작전의 정밀도와 지속성을 보장하는 핵심 요소로 부각되고 있다. 특히 소부대 내에서 독립된 작전을 수행할 때, 드론은 병력을 대신하여 위험지역을 탐지하고, 정보를 수집하고, 교전을 사전에 회피할 수 있도록 해준다.

2) 중대 내에서의 통신망 유지 및 중계를 위한 드론 활용

소부대는 작전 수행 중 일정 거리 이상으로 병력이 분산되거나 산악 지형 및 도시전 같은 복잡한 환경에서 통신이 끊길 가능성이 크다. 이는 부대 간 실시간 정보 공유를 어렵게 만들고, 작전 지휘체계에 혼란을 야기할 수 있다. 이를 해결하기 위해 중계 드론(Relay Drone)의 운용이 필수적이다.

중계 드론은 일정 고도에서 체공하며 소대와 중대 간 통신을 안정적

---

[12] Department of the Army, *FM 3-97.6: Engineer Reconnaissance*, Department of the Army, 2000.

드론 이용 통신망 중계

으로 중계한다. 특히 전자전 상황하에서도 통신체계를 유지할 수 있도록 설계되며, 부대 간 지휘체계의 연속성을 보장한다. 한국군은 유선형 중계 드론을 시범적으로 운용하며, 장차 전술적 드론 네트워크 기반을 확대할 계획이다.[13]

3) 근거리 화생방 정찰 드론 활용

화생방(화학·생물·방사능) 공격이 발생했을 경우, 병력이 직접 오염지역에 진입하는 것은 생존성에 큰 위협이 된다. 소대·중대 단위에서 신속하

---

[13] 시범 장비 설명 및 운용 방안 평가 참여 경험에 기반한 내용임.

드론 이용 화생방 작전 개념도

게 운용 가능한 소형 화생방 정찰 드론은, 병력이 위험지역을 사전에 회피할 수 있도록 돕는다.

 해당 드론은 공기 중 유해 물질과 방사능 수치를 실시간으로 감지하며, 부착된 센서와 경보 시스템을 통해 병사들에게 경고를 전달하고 안전한 경로를 유도한다. 또한 출격 준비 시간이 짧고, 기동성이 뛰어나기 때문에 위급 상황에서도 즉각적인 대응이 가능하다. 국방부는 K-NBC 대응체계 고도화를 위해 일부 화생방 정찰 장비의 시범 운용을 검토 중이다.[14]

---

14 헤럴드경제, "화생방 정찰차 탑재 드론 공동 개발 '주목'", 2025년 1월 9일.

4) 공격 작전에서의 지뢰 탐지 · 개척 드론 활용

공격 작전 시 적의 지뢰지대나 장애물은 부대의 기동을 막고, 병력 손실을 야기할 수 있다. 지뢰 탐지 및 제거 드론은 병력이 직접 위험지역에 진입하지 않고도 기동로를 확보하게 해주는 안전망 역할을 한다.

지상 투과 레이더(GPR), 자기장 센서, AI 기반 표면분석 알고리즘을 활용한 드론은 지뢰의 위치를 정밀하게 식별하고 지도화하여 병력에 제공한다. 지뢰 탐지 및 개척용 드론은 고성능 센서(예: LiDAR)와 금속 탐지 기능을 통해 위험 지역에 대한 매핑을 수행할 수 있다. 자율 드론 시스템은 3D 지도 작성, 로봇 그리핑 암을 통한 폭발물 배치 및 원격 폭파 기능을 탑재해 사전 위험 제거를 가능하게 한다. 또한 미 육군의 실험 사례에서는 LIDAR가 장착된 드론으로 지뢰 위치를 식별하고, 트랙 로봇을 통해

드론 이용 지뢰 탐지

장애물을 원격 제거하는 운용도 검토되었다.[15]

5) 방어 작전에서의 장애물 설치 드론 활용

방어 작전 시 적의 접근을 저지하기 위한 장애물 설치는 전통적으로 병력이 직접 수행해야 했으나 시간과 인력 소모가 컸다. 장애물 설치 드론

소부대 협업형 전장 드론 운용 형상도

---

15 Šipoš, D. & Gleich, D., "A Lightweight and Low-Power UAV-Borne Ground Penetrating Radar Design for Landmine Detection," Sensors, Vol. 20, No. 8, 2020; Ministry of Defence / Defence Science and Technology Laboratory (Dstl), "UK research into mine detecting drones could change land warfare," GOV.UK, 14 Oct 2023; Wikipedia, "Mine Kafon Drone," accessed 7 August 2025; Defense One, "Mine-Spotting Drones and Tracked Robots: The Army's Efforts to Breach Minefields with Tech," 26 January 2024.

은 사전 지정된 위치나 실시간 명령에 따라 철조망, 콘크리트 블록, 연막 장비 등을 배치할 수 있어 생존성과 기동성을 동시에 확보할 수 있다. 향후에는 AI 기반의 자동 전장 설계 시스템과 연계하여 적의 침투 예상경로에 실시간으로 장애물을 배치하는 체계로 발전할 가능성이 높으며, 이는 작전 효율성과 병력 보호를 모두 향상시키는 방향으로 진화할 것이다.[16]

6) 소부대 단위 드론 운용의 핵심 가치

소대 및 중대급 부대에서 드론을 효과적으로 운용하기 위해서는, 단순한 장비 배치를 넘어 다음과 같은 체계적 구성이 필요하다.

- 중계 드론: 분산된 부대 간 통신망 유지
- 화생방 정찰 드론: 위험지역 조기 탐지 및 회피 유도
- 지뢰 탐지 및 개척 드론: 기동로 확보 및 병력 보호
- 장애물 설치 드론: 방어선 형성과 전술공간 통제

이러한 드론 운용체계가 정립되면 소부대는 독립 작전 수행능력을 획기적으로 향상시킬 수 있으며, 실시간 정보 공유와 빠른 전장 대응이 가능한 전투체계로 진화할 수 있다. 대한민국 육군은 '전투형 부대 구조전

---

[16] Military Embedded, "Real-time Digital Twins with AI/ML: New Level of Battlefield Intelligence," Military Embedded, June 11, 2025; Li, Yuchun, et al., "A Real-Time Battle Situation Intelligent Awareness System Based on Meta-Learning & RNN," arXiv preprint, January 23, 2025.

환'과 '지능형 드론 체계' 통합을 통해 이러한 방향으로 군 구조를 개편 중이다.[17]

---

[17] 한경닷컴, "AI 전투체계 '아미타이거' 2040년까지 전 부대 도입", 2024년 9월 26일; 대한민국 정부, "아미타이거 4.0 전략 브리핑 자료", 2021년.

4.
대대 및 여단 단위의 효율적 드론 운용

현대 전장환경에서 대대 및 여단급 전술제대는 전장의 중심작전 단위로 기능하고 있으며, 이에 따라 드론의 역할 또한 단순 정찰 기능을 넘어서 정밀타격, 전자전, 보급, 통신망 유지 등으로 확장되고 있다.[18] 특히 네트워크 기반의 기동전, 다영역 작전(Multi-Domain Operations, MDO) 환경에서는 드론이 지상 전력의 전투력을 실시간으로 증강시키는 핵심 노드로 자리매김하고 있다.

1) 대대 및 여단급 드론 운용 개념

대대와 여단급에서 운용할 수 있는 드론은 크게 정찰 드론, 타격 드론, 전자전 드론, 그리고 보급 드론으로 나눌 수 있다.

---

[18] U.S. Army War College, *Multi-Domain Battle: Evolution of Combined Arms for the 21st Century*, 2018; U.S. Army TRADOC Blog, "*Unmanned Capabilities in Today's Battlespace*," 2023.

- 정찰 드론은 광학 및 열상 센서를 기반으로 전장의 적 상황을 실시간 파악하며, AI 기반의 자동 표적인식(ATR: Automatic Target Recognition)을 통해 표적획득 속도와 정확성을 향상시킨다. 정찰 드론은 고정익 혹은 VTOL(수직이착륙) 기반으로 구성되며, 체공 시간과 작전 반경이 중대급 정찰 드론보다 훨씬 넓다.
- 타격 드론은 자폭형 드론과 공대지 무장을 장착한 공격 드론으로 나뉜다. 자폭형 드론(Loitering Munitions)은 타격 전까지 일정 시간 상공에서 대기할 수 있어 기동 중인 적 차량이나 방어 취약구역을 정밀타격 할 수 있으며, 공대지 무장 드론은 장시간 감시 후 적의 틈을 포착하여 고정 진지를 제거하는 데 효과적이다.
- 전자전 드론은 통신 교란(Jamming), GPS 스푸핑(Spoofing), 전자정찰(SIGINT) 등의 임무를 수행한다. 특히 GPS 신호를 가장한 허위 위치 정보를 전송하여 적 드론이나 유도무기를 오도시키는 기술은 정보전 시대의 핵심 수단으로 부상하고 있다.
- 보급 드론은 분산 기동부대나 고립 부대를 위해 식량, 탄약, 통신 장비 등을 수송하는 체계로, 자율 비행 기반의 비가시권 운용이 가능하다.[19]

---

19 National Defense Magazine, "Marines Expanding Drone Resupply Missions," 13 May 2024; Defense One, "Marine logistics battalions to get resupply drones by 2028," 6 May 2024; Gheorghe Minculete, "Military Logistics Drones: The Innovative Solution for Transportation Challenges on the Battlefield," 2025.

> **GPS 스푸핑 및 전파 교란**
>
> 적의 드론을 무력화하거나 오인 정보를 전달하는 데 가장 효과적인 방법 중 하나는 GPS 스푸핑 기술이다. 이를 통해 적의 항법체계를 방해하고, 적의 드론과 정찰장비가 엉뚱한 좌표로 이동하도록 유도할 수 있다.[20] 이와 동시에, 통신 교란 드론을 활용하면 적의 라디오 송수신을 방해하여 내부 명령 전달을 차단할 수도 있다. 이를 통해 적의 대응 능력을 저하시키고, 아군이 보다 안전하게 작전을 수행할 수 있도록 만든다.

2) 기동전에서의 드론 활용

드론을 활용한 기동전에서는 기갑부대, 보병부대, 포병부대가 네트워크로 연결되어 실시간 데이터를 공유하며 작전 수행이 가능하다. 정찰 드론이 선제적으로 적의 방어선 및 취약점을 분석하고, 공격 드론이 주요 방어 거점을 타격함으로써 아군의 돌파를 지원한다. 대전차 자폭 드론은 적 기갑부대의 주요 차량을 먼저 타격해 기갑 진격의 길을 연다.

포병과의 연계 또한 필수적이다. 드론은 실시간으로 적 포병 위치를 탐색하고, GPS 좌표를 기반으로 포병은 즉각적인 반격을 수행한다. 드론은 이 과정에서 공중 관측장교(Forward Observer)의 역할을 수행하며,[21] 타격 효과를 실시간으로 평가하고 수정 명령을 전달한다.

20　WIRED, "The Invisible Russia-Ukraine Battlefield", Dec 23, 2024; UK Parliament, "Electronic Warfare (POST-PN-0749)", Jul 2025.

21　Valentina Bartulović, et al., "Use of Unmanned Aerial Vehicles in Support of Artillery Operations," *Strategos* 7, No. 1 (2023); David Hambling, "Unmanned Aircraft and the Revolution in Operational Warfare," *Military Review*, Jul-Aug 2025.

적 기갑부대 선제 타격

역습작전 시 드론을 활용한 적 전차 공격

방어 작전에서 드론은 조기경보 체계를 형성하며, 전자전 드론을 통해 적의 통신망과 드론 운용을 저지함으로써 정보 우위를 유지한다. 기동 방어와 역습 작전 시 자폭 드론을 활용해 적 전차의 돌파를 저지하고, 포병 및 기갑이 후속 반격을 가하는 전술도 가능하다.

3) 드론과 각 병과 간 통합운용

보병과의 연계에서는 개인 및 분대급 드론이 수색 및 근접공격 임무를 수행하며, 근접 전투에서 소형 자폭 드론으로 적의 저격수, 기관총 진지 등을 선제 타격할 수 있다. 포병과는 정찰 드론의 좌표 전송과 탄착 오차 피드백을 통해 타격 정확도를 높일 수 있으며, AI 영상분석 기반의 자동 발사원점 탐지 후 신속한 반격이 가능해진다. 기갑과의 연계에서는 정찰 드

드론을 활용한 감시, 화력유도, 재평가를 통한 재타격

론을 선두에 배치해 위험 요소를 사전에 탐색하고, 대전차 드론으로 적 전차를 기습 공격하여 도시지역 작전에서 유리한 고지를 선점할 수 있다.[22]

결론적으로 드론은 단순 정찰을 넘어 전장의 지휘·결심을 촉진하는 정보 자산이자, 자율 타격 및 보급 능력을 갖춘 전략 무기로 진화하고 있다. 대대~여단급 전술단위에서 드론을 전방위적으로 활용하기 위해서는 다음과 같은 방향이 요구된다.

- 작전 개념 내 드론 분산 배치 및 전술 단위화 통합 지휘체계(C2) 내 드론 데이터 실시간 반영
- 전자전·보급·정찰·타격 기능의 분화 및 통합 AI 기반 자동 인식·결심 보조 시스템 결합

궁극적으로 드론은 기계-센서-AI-병력 간 유기적 연결고리로서, 대대 및 여단급 단위의 전투 역량을 비약적으로 증대시킬 수 있는 핵심 수단이다.

---

[22] Pieter Van Ostaeyen, "Drone-Enabled Infantry Striking Beyond Line-of-Sight," *War on the Rocks*, June 23, 2025; MAJAR Padalino, "The Army Needs to Quickly Adapt to Tactical Drone Warfare," *Small Wars Journal*, Summer 2024.

5.
사단 이상급 작전에서의 드론 운용

사단 및 군단급 수준에서의 작전은 광역적이고 복합적인 전투환경을 포함하며, 이에 따라 드론은 전장의 핵심 전력으로 자리 잡고 있다.[23] 특히, 다영역 작전(Multi-Domain Operations)와 고속 의사결정 체계를 지향하는 현대전에서 드론은 C4ISR 체계와 연계되어야 비로소 그 효과를 극대화할 수 있다.

C4ISR는 지휘(Command), 통제(Control), 통신(Communications), 컴퓨터(Computers), 정보(Intelligence), 감시(Surveillance), 정찰(Reconnaissance)의 약자로, 지휘 통합과 실시간 전장 인식을 가능케 하는 현대 지휘체계다. 드론은 단순한 전장 감시 도구를 넘어, 정밀 타격, 전자전, 보급, 병력 지원, 네트워크 중계 및 무인 협동 작전까지 수행할 수 있는 전장 다기능 플랫폼으로 진화하고 있다.

---

[23] Army War College, *Multi-Domain Battle: Evolution of Combined Arms for the 21st Century*, U.S. Army War College, 2018; U.S. Army TRADOC Blog, "Unmanned Capabilities in Today's Battlespace," 2023.

1) 작전 수준별 드론 운용 범주

사단 및 군단급에서 드론은 크게 다음의 네 가지 핵심 역할을 수행한다. 정보 수집 및 감시·정찰(ISR), 전투 지원 및 정밀타격, 전자전 수행 및 사이버전 연계, 후방 지원 및 작전 지속능력 확보다.

먼저, 정보 수집과 감시·정찰(ISR) 분야에서 드론은 실시간 전장 가시성을 확보하고 적의 움직임을 조기에 탐지하는 데 핵심적인 역할을 수행한다. 사단급 이상 작전에서는 고고도 장기 체공 드론(HALE), 중고도 장기 체공 드론(MALE), 저고도 전술 드론이 계층적으로 통합 운용되어야 한다.

- 고고도 드론(예: RQ-4 Global Hawk): 수백 km 반경의 전략 감시 가능, 전장 전역의 포괄적 인식 제공
- 중고도 드론(예: MQ-9 Reaper, 대한항공 KUS-FS 등): 목표 지정 및 감시 중심, 전술적 상황 이해
- 저고도 전술 드론: 실시간 전방 정찰, 소부대 연계 탐색, 전술 감시·전장 영상 전달

이들 드론은 위성, 지상 감시 레이더, 해상 센서망과도 연계되어 있으며, 다계층 융합을 통해 정보 획득의 정확성과 신속성을 높일 수 있다.[24]

전투 지원 및 정밀타격 분야에서는 드론은 이제 단순한 표적 탐색을 넘어 정밀타격 주체로 발전하고 있다.

---

[24] Anthony Padalino, "Frontline Fusion: The Network Architecture Needed to Counter Drones," Modern War Institute at West Point, July 23, 2025.

- 자폭형 드론(예: Switchblade, Harpy 등): 고기동 기갑 또는 고정표적 타격에 최적화, 기습성과 생존성 높음
- 공격형 드론(예: Bayraktar TB2, MQ-1 Predator): 공대지 유도무기 탑재, 전략적 표적 제압에 효과적
- 전술 지원형 드론: 포병 또는 항공기 유도, 정찰 후 타격 지시, 표적 식별 후 타격 효과 평가까지 수행

사단 및 군단 수준에서는 다수의 드론을 임무별로 계층화하여 운용함으로써 작전 효과를 극대화하고 전력의 분산 운용 효율을 제고할 수 있다.

전자전 수행 분야에서 전자전 드론은 적의 통신망 및 센서체계를 무력화하고, 아군의 정보 우위 확보를 지원하는 핵심 전력이다.[25]

- 재밍(Jamming): 적 GPS, 라디오, 데이터 링크 교란
- GPS 스푸핑: 허위 신호로 적 무인기·유도탄 오도
- EMP 및 레이저 기반 대응 무기: 적 드론 요격, 감시체계 무력화
- 사이버 연계 작전: 적 드론 해킹, C4I 체계 교란, 기만전 수행

특히, 미국과 이스라엘 등은 이러한 전자전 기능을 드론에 결합하여 '비접촉형 정지 능력'을 적극적으로 실전 운용 중이다.

후방 지원 및 작전 지속능력 확보에서는 대규모 전장에서 병참 수송

---

25 Breaking Defense, "UK welcomes new StormShroud autonomous drones," May 2, 2025; Leonardo UK, "Royal Air Force StormShroud equipped with Leonardo BriteStorm electronic warfare payload to confuse and deceive enemy radars," May 2, 2025.

전자전 드론

의 지연과 병력 노출 위험은 치명적이다. 드론은 탄약, 식량, 의약품, 통신장비 등을 신속하게 전달하며, 후방 지원과 전방 작전의 연속성을 보장한다.

- 보급 드론: 소형 고속 자율운항 기반, 다량 병참 지원(KUS-VS, ZIPLINE 등 사례)
- 의무 후송 드론: 부상자 탐지·수송, 응급약품 전달 가능
- 통신 중계 드론: 통신이 끊긴 지역에서 이동 중계 노드 역할, 사단-여단 간 연결 유지

유·무인 복합 운용체계(MUM-T)와의 통합 드론은 단독 운용보다는 유인 전력과의 협동작전 개념에서 그 효과가 극대화된다. 이를 유·무인

유·무인 복합 운용체계 운용 모델 형상도

복합 운용체계(Manned-Unmanned Teaming, MUM-T)라 하며, 다음과 같은 운용 모델을 갖는다.

- 전투기와의 연계(유인 전투기 + 공대지 무장 드론)
- 지상 차량과의 연계(기갑차량 + 정찰 드론 or 자폭 드론)
- 포병과의 연계(사단 포대 + 관측 드론 + 자동 사격 명령 체계)

이러한 협업을 통해 전투 속도는 빨라지고 병력 노출은 줄어들며, 미래 사단급 이상 작전에서 유·무인 복합 운용체계(MUM-T)는 필수 구조로 자리 잡고 있다.[26]

실시간 지휘통제 및 자동화된 전술결정 구조 사단 및 군단급 드론 작전은 반드시 C4ISR 체계와 연동되어야 한다. 실시간 정보 취득-전송-분석-결정-공격이 1분 내에 이루어져야 하며, 이를 위해 AI 기반 의사결정

---

[26] Army University Press, "Kicking the Beehive – Manned-Unmanned Teaming in Army Aviation," *Military Review*, May-June 2022; U.S. Army Aviation Center of Excellence, *Aviation Digest: Manned-Unmanned Teaming Enhances Survivability and Situational Awareness*, U.S. Army Aviation Center of Excellence, 2014.

보조체계, 클라우드 기반 정보 융합 플랫폼, 표준화된 데이터 공유체계가 병행되어야 한다. 또한, 고속기동 및 합동작전 수행을 위해 AI 기반 공역 통제 시스템의 필요성이 대두되고 있으며, 공역 분할 및 드론 전용 운용구역 설정도 주요 방안으로 검토되고 있다. 해외에서는 이러한 구조를 적용해 실시간 지휘통제 및 작전 효율성 극대화를 추진하고 있으며, 특히 미 육군은 AI 기반 공역 관리 기술의 도입을 적극 검토하고 있다.[27]

2) 미래 사단 및 군단급 전투 개념에서의 드론

미래 전장에서는 공중·지상·사이버·우주를 포함한 다차원 작전공간에서 드론이 역할을 수행할 것이다.

- 공중: 고고도 장기 체공 드론(HALE) 및 중고도 장기 체공 드론(MALE)이 감시 및 전략 타격 수행
- 지상: 전술 UAV + 로봇이 병력과 연계 작전
- 사이버: 전자전 드론이 정보 획득 및 C4ISR 교란 수행
- 드론 스웜: AI 기반으로 적 방공망 과포화, 분산 타격 구현

이를 위해서는 AI 기반 전장 관리체계 + 클라우드 연계 + 유·무인 복

---

[27] DefenseScoop, "Army wants AI tech to help manage airspace operations," July 31, 2025; Washington Technology, "Army Seeks AI Solutions to Manage Complex Airspace Operations," August 5, 2025; Breaking Defense, "Army Seeks AI/ML Tools to Tame Crowded Airspace under NGC2 Push," July 31, 2025.

합 운용체계(MUM-T) 통합 + 자동화 전술 판단체계가 유기적으로 결합되어야 한다. 사단 및 군단급 작전에서의 드론 운용은 이제 선택이 아닌 필수 요소가 되었다. 드론은 감시, 타격, 전자전, 보급, 구조, 네트워크 중계 등 전투 전반에 걸쳐 주도적 역할을 수행하고 있으며, 유무인 복합체계 및 C4ISR 통합운용을 통해 전투력 극대화를 실현할 수 있다.

미래 전장에서 드론은 전투 지원수단이 아닌 지휘결정·전투진행의 핵심 축이 될 것이며, AI와의 결합, 전장 자동화와 함께 전투 개념 자체를 혁신시킬 것으로 전망된다.

6.
해군과 공군의 통합 드론 운용 및 다영역 작전(MDO) 개념 적용

현대전은 더 이상 특정 군(육·해·공군)의 전유물이 아니다. 공중, 해상, 지상, 사이버, 우주를 아우르는 다영역작전(MDO) 개념 아래, 드론은 각 전장의 경계를 잇는 핵심 전력으로 자리 잡아가고 있다. 공군은 감시정찰과 공중전 임무에서 유·무인 복합편대(MUM-T)를 운용하며, 육군은 지상타격·후방수송·감시 임무에 드론을 결합하고 있다. 해군 또한 대함·대잠작전과 해상 감시망에 드론을 통합하며, 우주·사이버 영역에서는 작전 네트워크 확장과 정보 교환의 매개체로 활용되고 있다. 이러한 변화는 단순한 장비 운용의 진화를 넘어 작전 개념의 융합, 즉 '플랫폼 중심 전쟁'에서 '데이터 중심 전쟁'으로의 전환을 의미한다.

드론은 실시간 데이터 공유와 AI 기반 판단을 통해 전장 상황을 통합적으로 인식하게 하고, 각 전력 간 작전 명령과 대응을 자동화함으로써 전투 효율을 극대화한다. 동시에 사이버 보안, 전자전 대응, AI 신뢰성 확보가 병행되어야 하며, 이를 기반으로 한 JADC2(지휘통제 체계) 구축이 미래전의 핵심 과제가 되고 있다. 궁극적으로 드론의 통합 운용은 인간의 한계를 보완하고, '모든 영역에서 동시에, 하나의 지휘로 움직이는 전장'을 현실로 만드는 기술적 토대가 될 것이다.

1) 해군에서 드론을 활용한 해상 감시 및 대잠전

21세기의 전장환경은 기존의 단일 전투 영역을 넘어 다층적이고 융합적인 작전 수행이 요구되는 형태로 진화하고 있다. 이에 따라 해군 역시 무인 항공기(UAV)를 중심으로 한 감시·정찰 및 대잠전 역량 강화에 주목하고 있으며, 이는 단순한 기술 도입을 넘어 작전 개념의 재편으로 이어지고 있다.

① 드론을 활용한 해상 감시: 플랫폼 중심에서 네트워크 중심으로

전통적으로 해상 감시 임무는 유인 항공기, 함정의 레이더 시스템, 정찰 위성 등을 중심으로 수행되었다. 그러나 광범위한 해역을 실시간으로 모니터링하기에는 운용 비용과 자산 운용 효율성 측면에서 한계가 있었다. 이와 같은 제약을 극복하기 위해 중고도 장기 체공 드론(MALE)의 도입이 본격화되었으며, 대표적인 사례로 MQ-9B '시가디언(SeaGuardian)'이 있다. 이 드론은 해상 감시용으로 특화된 모델로, 전자광학/적외선(EO/IR) 센서와 해상 감시용 레이더를 탑재하고 장시간 체공하면서 수상 표적 탐지 및 추적을 수행한다.[28]

특히 AI 기반의 자동 표적인식(ATR: Automatic Target Recognition) 기술을

28　General Atomics Aeronautical Systems, "MQ-9B SeaGuardian Featured Again at RIMPAC," GA-ASI Newsroom, July 23, 2024; GA-ASI, "MQ-9B SeaGuardian Datasheet," February 2023.

통해 드론은 선박의 이동 패턴을 분석하고, 일정 기준 이상 벗어난 비정상 항적을 자동 식별할 수 있다. 이는 단순 감시가 아닌 상황 판단 기능이 통합된 감시 시스템으로, 전술지휘체계(C2)와의 연계를 통해 실시간 대응이 가능하다. 다시 말해, 감시는 더 이상 '탐지'에 머물지 않고 '분석'과 '판단'의 차원으로 진화하고 있는 것이다.

② 드론 기반 대잠전: 다층 네트워크 작전의 핵심 요소

대잠전(ASW)은 전통적으로 인력이 탑승한 초계기(P-8A 포세이돈)나 해상 작전 헬기(SH-60R 시호크)가 수행해왔다. 이들은 소노부이(sonobuoy)를 투하하고 수중 음파를 분석하여 잠수함을 탐지한다. 그러나 해역이 광범위해질수록 탐지 범위의 한계, 자산 피로도 문제, 조종사의 피로 누적 등 다양한 제약이 존재했다.

드론을 활용한 소노부이 투하 및 감시

최근에는 드론을 통해 이러한 제약을 보완하려는 시도가 강화되고 있다. 항공형 무인기와 무인 수상정(USV), 무인 잠수정(AUV)이 통합 운용되며, 전통적인 대잠전 개념이 분산형·네트워크형 작전으로 전환되는 추세다.

예를 들어, 항공 드론이 적 잠수함의 가능성 있는 흔적을 탐지하면, USV가 해당 위치로 접근하여 능동 소나를 투사하고, AUV가 정밀탐색 및 심층 추적을 수행하는 방식이다. 이는 단일 플랫폼의 한계를 보완하는 다층적 작전 구성으로, 기존의 병렬적 작전보다 탐지-분석-타격의 전 과정을 빠르게 연결할 수 있다는 장점이 있다.[29]

③ 한국 해군의 드론 운용 현황과 전략적 함의

대한민국 해군은 국산 수직 이착륙형 해상작전용 무인항공기 개발을 추진하며, 이를 구축함 등 해군 전력과 연계해 감시 및 대잠 작전 능력의 내재화를 도모하고 있다.[30]

이러한 변화는 단순한 전력 증강을 넘어 한국 해군이 다영역 작전(MDO:

---

[29] Wikipedia, "ASW Continuous Trail Unmanned Vessel (ACTUV)," accessed 16 August 2025; Army Recognition, "TEKEVER advances drone sonobuoy launching technology," 27 September 2024; Wang, Y. et al., "USV-AUV Collaboration Framework for Underwater Tasks under Extreme Sea Conditions," arXiv preprint arXiv:2404.12345, 2024.

[30] Naval News, "South Korea to Develop Naval VTOL UAV for KDX-II Destroyers," 26 March 2023; 세계일보, "'한국만 없어 항공모함' … 해군, 야심 찬 계획 세웠다", 2025년 7월 8일; Army Recognition, "South Korea is Building a Drone-Enabled Naval Fleet Led by a Giant Command Ship…," 12 May 2025; Defense Today, "해군, 해병대 S-300 대형 캠콥터 도입 착수", 2024년 2월 20일; U.S. Navy Office of Naval Research, "Distributed Maritime Operations with Autonomous Systems," DoD Briefing, 2022; The Diplomat, "Unmanned Systems in China's Maritime 'Gray Zone' Operations," 23 January 2023; NATO Association of Canada, Special Report, "Mass Competition, China and Russia's Maritime Autonomous Systems," 30 March 2025.

Multi-Domain Operations) 환경 속에서 함정-드론-지상통제소 간 실시간 정보 연계를 통해 지휘통제의 신속성과 정밀성을 확보하려는 전략적 방향을 시사한다. 즉, 해상 전장의 무인화는 단지 기계의 활용이 아니라 작전 철학의 근본적 전환을 의미한다.

2) 드론 함대 구축 방안

21세기 군사전략의 핵심은 전장환경을 통합적으로 인식하고 빠르게 대응할 수 있는 체계 구축에 있다. 특히 해상에서의 드론 함대(Unmanned Fleet) 구축은 공중, 해상, 수중 플랫폼을 통합하여 유기적인 작전 능력을 발휘하는 방향으로 발전하고 있으며, 이는 단순한 무기체계의 확장이 아

드론함대 구축안

닌 작전 개념의 근본적 재편을 의미한다.

① 작전환경별 최적화를 위한 플랫폼 구성의 전략적 분석

드론 함대는 작전 영역에 따라 공중(UAV), 해상(USV), 수중(AUV) 드론으로 구성된다. 각각의 플랫폼은 고유 임무에 최적화된 설계를 갖추고 있으며, 임무 통합을 전제로 한 상호 운용성 확보가 핵심이다.

- 공중 드론(UAV): MQ-9B, RQ-4 글로벌 호크, XQ-58 발키리, MQ-28 고스트 배트 등은 감시·정찰(ISR), 전자전(EW), 원거리 타격 등 다양한 임무 수행이 가능하다.[31]
- 해상 드론(USV): 시 헌터(Sea Hunter), LRUSV(Large Unmanned Surface Vessel), 시폭스(Seafox) 등은 대잠 탐지, 기뢰 탐색, 해상 감시 임무에 적합하며, 유인 함정과 연계된 함대 확장 자산으로 기능한다.[32]
- 수중 드론(AUV): Orca XLUUV(Extra-Large Unmanned Underwater Vehicle), REMUS 600 등의 무인 잠수정은 적 잠수함 탐지, 수중 정찰, 기뢰 제거 등의 역할을 수행한다.[33]

---

[31] U.S. Air Force, "MQ-9 Reaper Fact Sheet," 2023; Joseph Trevithick, "New Electronic Warfare Pod Turns Marine MQ-9 Reaper Into A 'Black Hole'," The War Zone, 19 January 2024.

[32] U.S. Navy News, "US Navy showcases Sea Hunter Unmanned Surface Vehicle at LA Fleet Week," 14 June 2024; C4ISRNet, "This unmanned submarine chaser is closer to reality," February 5, 2018; Atlas Elektronik GmbH, "SeaFox® – Remotely Operated Mine Disposal Vehicle," (no date provided).

[33] Naval-Technology, "Orca extra-large unmanned undersea vehicle is designed for use in mine countermeasures and anti-submarine warfare," April 19, 2024; HII/Ingalls, "REMUS UUVs deliver intelligence, surveillance, reconnaissance, and mine counter-measure capabilities," circa 2023.

이러한 플랫폼은 단일 전투 수단이 아닌, 유기적인 작전 생태계의 구성요소로 설계되어야 하며, 각 임무별 드론이 정보를 공유하고 상호 보완함으로써 전투 효율성을 극대화할 수 있다.

② **임무별 운용 개념**(Mission Concept)**의 명확화**

드론 함대의 성공적인 운용을 위해서는 각 군(공군, 해군)의 역할을 분담하고, 유·무인 복합 운용체계(MUM-T)가 전제되어야 한다.

- 공군 중심 임무: 공중 감시·정찰, 전자전 지원, 원거리 타격, 공중전
- 해군 중심 임무: 해상 감시, 대잠전, 기뢰 대응, 원해 작전

유인기가 전장의 전략적 지휘를 담당하고, 무인기는 위험지역 침투 및 반복 작업을 수행함으로써 전술적 유연성과 생존성을 동시에 확보할 수 있다. 이는 인명손실 최소화뿐 아니라 작전 지속력과 공간적 확장성이라는 측면에서도 높은 가치를 지닌다.

③ **지휘통제체계**(C2)**와 네트워크 중심 작전**

JADC2(Joint All-Domain Command and Control) 개념은 드론 함대를 통합 운용하는 핵심 지휘체계로,[34] 공군·해군·육군 간 실시간 정보 공유를 가능케 한다. 이는 기존 단일 도메인 기반 C2 체계의 한계를 극복하며, 다양

---

[34] Breaking Defense, "Army stretches little wings with desert mini-drone swarm tests," May 2, 2022; Wikipedia, "Joint All-Domain Command and Control," accessed 8 August 2025; Breaking Defense, "Distributed Maritime Operations: A Resilient Force Structure Enabled by JADC2," October 19, 2021.

한 플랫폼 간의 연결을 통해 합동 전력의 시너지를 창출한다. 네트워크 중심 작전(NCW)은 Link-16/22, 위성통신, 전술데이터 링크 등을 통해 드론 간 실시간 상황 정보를 공유하며, 이는 전장의 가시성과 반응 속도를 비약적으로 향상시킨다. 궁극적으로 플랫폼 간 '정보의 동시성' 확보가 전투 우위의 핵심으로 작용한다.

④ 판단과 실행의 무인화를 위한 AI 및 자율운용 기술의 도입

드론 함대 운용에 있어 가장 혁신적인 요소는 바로 AI 기반 자율운용 시스템의 적용이다. 자율작전 기술을 통해 드론은 전장 상황을 실시간 분석하고, 인간의 개입 없이도 작전 수행이 가능해진다.

특히, 드론 스웜 전술(Drone Swarm)은 수십 기 이상의 드론이 집단 자율성(Self-organizing behavior)을 발휘하여 공격, 정찰, 교란 임무를 동시에 수행한다.[35] 이는 기존의 '플랫폼 단위 운용'을 넘어 군집 기반 작전 개념의 본격적 실현을 의미한다. 또한 AI는 전자전 환경에서의 생존성 강화에도 기여한다. 적의 GPS 재밍, 데이터 링크 교란, 사이버 공격에 대해 자체 우회 알고리즘을 가동하거나 전자전 회피 경로를 실시간 설정할 수 있으며, 이는 작전 실패 확률을 크게 낮추는 요인이 된다.

⑤ 단계적 실전 배치 및 운용 평가

드론 함대의 전력화는 일괄 도입보다 훈련과 시뮬레이션을 통한 점

---

[35] Zachary Kallenborn, "InfoSwarms: Drone Swarms and Information Warfare," *Parameters* 52, No. 2 (Summer 2022): 87-102; Jules Hurst, "Robotic Swarms in Offensive Maneuver," *Joint Force Quarterly*, 4th Quarter 2017.

진적 확장이 바람직하다. 초기에는 위험지역에 드론을 선제 배치하여 실제 작전 데이터를 축적하고, 이를 바탕으로 AI 시스템 학습과 전술 피드백 시스템을 강화해야 한다. 중장기적으로는 유인-무인 협력 작전이 실전 환경에서 지속적으로 검증되고 조정되는 루프 구조를 갖춰야 하며, 이는 결국 작전의 자율성과 인간의 통제 가능성을 균형 있게 유지하는 기반이 된다.

3) 공중전 및 전략 타격 작전에서의 드론과의 협력

21세기 공중전 양상은 유인 전투기 중심에서 무인 전투 플랫폼과의 협력 체계로 전환되고 있다. 특히, 공군 드론은 해군과의 협력을 통해 다영역 작전(MDO) 환경에서 전장 가시성, 전략 타격력, 전자전 대응 능력을 획기적으로 향상시키는 핵심 자산으로 부상하고 있다.

① 공중전에서 드론의 역할: 로열 윙맨 개념의 실현

최근 주목받는 '로열 윙맨(Loyal Wingman)' 개념은 유인 전투기와 드론이 팀을 이루어 작전을 수행하는 협력 운용체계로,[36] 기존 공중전 양식을 근본적으로 재편한다. 미국의 XQ-58 발키리와 호주의 MQ-28 고스트 배

---

36 Wikipedia, "Manned-unmanned teaming," accessed 6 August 2025; Business Insider, "US Marines put their new experimental 'loyal wingman' drone to the test with F-35 stealth fighters," October 9, 2024; Airforce-Technology, "Ghost Bat uncrewed aircraft is a pathfinder for Royal Australian Air Force's future human-machine teams"; Reuters, "Drone makers battle for air dominance with 'wingman' aircraft," 19 June 2025.

트(Ghost Bat)는 이러한 협력 작전의 대표 사례로, 유인기(F-35, KF-21 등)와 연계하여 공대공 및 공대지 공격 임무를 수행하며, 전자전, 탐지 회피, 미끼 운용, 위험지역 선진입 등 다양한 전술적 역할을 맡는다.

② 드론의 전자전 활용 가능성

전자전(EW) 임무에서도 드론의 존재감은 커지고 있다. 현존하는 전자전 플랫폼인 EA-18G 그라울러(EA-18G Growler)는 통신 교란, GPS 스푸핑, 레이더 교란 등의 임무를 수행하며, 유인기 기반 전자전의 대표 사례로 꼽힌다. 이와 같은 플랫폼과의 협업 운용 또는 무인 전자전 드론의 발전은, 향후 공중 및 해상 전장 내 전자전 다층화에서 핵심 역할을 수행할 것으로 전망된다.[37]

③ 전략 타격 작전에서의 드론 운용

전략 타격에서는 장거리 스텔스 드론의 활용이 핵심이다. 공군은 고고도 침투형 UAV를 활용하여 적심부 정밀타격(예: AGM-158 JASSM-ER 운용)을 수행하고, 해군 드론은 초수평선(BLOS) 공격, 해상 표적 제거 등에서 전략적 보조 역할을 맡는다. 이로써 공중-해상 간 분산 타격망을 통해 대응 시간 축소 및 피해 최소화라는 작전 이점을 확보할 수 있다.

---

[37] Boeing Defense, "EA-18G Growler Overview," 2022; Defense News, "EA-18G Growler: Navy's Electronic Attack Aircraft," March 15, 2023.

4) 공중급유 드론의 전략적 가치와 기술적 한계

공중급유 드론(MQ-25)은 무인 전투기의 체공시간과 작전 반경을 확대하는 핵심 수단으로, 항모 기반 또는 후방기지 기반으로 운용된다. F-35, FA-18과 같은 전투기 및 무인기들에 유연하게 연료를 공급할 수 있으며, 위험지역에서 유인 급유기 노출을 줄이는 효과도 있다.

그러나 다음과 같은 기술적 한계가 존재한다.

- 급유량 제한: 유인 급유기(KC-135 등)에 비해 탑재 연료량이 적어 대규모 급유에는 부적합
- 전자전 취약성: GPS 재밍, 링크 해킹 등 공격에 상대적으로 취약
- AI 신뢰성 문제: 급유 중 기체 간 거리 유지, 기상 변화 대응 등에

드론의 공중급유 가상 상황도

서 완전 자율성이 아직 제한적
- 네트워크 의존성: 통신 차단 시 작전 수행 불가

이러한 점을 극복하기 위해서는 사이버 보안 강화, 전자전 대응 알고리즘, AI 신뢰성 검증체계가 병행 구축되어야 한다.

5) 드론 편대 구축 및 혼합 운용 전략

공군 드론 편대는 임무 유형에 따라 다음과 같이 구분된다.

- 감시·정찰용: RQ-4, MQ-9B 등
- 공중전 및 전투 지원: XQ-58, MQ-28 등
- 전자전: AI 기반 EW 드론
- 전략 타격용: MQ-20 아벤저, 자폭 드론 등
- 공중급유용: MQ-25 스팅레이[38]

운용 방식은 드론 단독 편대와 유인기-무인기 혼합 편대(MUM-T)로 나뉜다. 전자는 완전 자율작전 기반이며, 후자는 유인 전투기가 지휘를 맡고 드론은 전술 실행을 보조한다. 각각의 방식은 장단점이 분명하다.

---

[38] U.S. Navy, "MQ-25 Stingray: Carrier-Based Unmanned Aerial System," U.S. Navy Fact File, February 3, 2022; Boeing Defense, "MQ-25 Stingray Overview." n.d.

초기 공격	본격 전투	전자전 대응

작전 운용 모델 적용안

- 드론 단독 편대: 자율성, 위험지역 선제공격에 유리하나 AI 및 전자전 취약성 존재
- 혼합 편대(MUM-T): 전략적 유연성과 조종사의 통제력 확보 가능하나, 네트워크 의존도와 복잡한 C2 구조 요구

따라서 작전 성격에 따라 운용 모델을 유동적으로 적용해야 하며, 예시 운용 순서는 다음과 같이 설정 가능하다.

- 초기 공격: 드론 단독 편대(스웜 전술)로 방공망 제압
- 본격 전투: 혼합 편대로 정밀타격 수행
- 전자전 대응: 유인기 중심의 네트워크 방어

6) 다영역 작전(MDO)에서의 통합적 드론 운용

다영역 작전(Multi-Domain Operations, MDO)은 공중, 해상, 지상, 사이버, 우주 등 모든 작전 영역의 융합적 운용을 의미하며, 드론은 이 복합적 작

전환경의 핵심 연결자로 기능한다.

- 공군 드론: 공중전, 전자전, 전략 타격, ISR 등
- 해군 드론: 대잠전, 해상 감시, 해상 타격 등
- 육군 드론: 지상 타격, 후방 감시, 물류 수송 등
- 우주 및 사이버 기반 드론: 작전 네트워크 확장 및 사이버 교란

JADC2(Joint All-Domain Command and Control) 체계를 통해 실시간 정보 공유와 명령 하달이 이루어지고, AI 기반 데이터 분석으로 최적의 작전 경로, 무기 배치, 임무 우선순위 결정이 가능해진다.

7.
군사분야 사용자 노력

드론 기술은 빠르게 발전하고 있으나, 이를 실질적인 전력으로 전환하는 데에는 운용자의 전략적 사고력과 응용력이 핵심적인 변수로 작용한다. 이는 고성능 기술만으로는 극복할 수 없는 전장의 불확실성과 제약된 자원 환경에서 더욱 중요하다.

이러한 관점은 실제 전장 사례에서도 확인된다. 예를 들어, 우크라이나 드론 부대는 드론 전투가 단순한 기계 조작이 아닌 신속한 판단과 창의적 작전 운용이 핵심이라고 강조하며, 전략 게임 유경험자(게이머)들이 우수한 조종 능력을 보이는 사례도 있다.[39]

---

[39] Business Insider, "Real drone warfare isn't like playing Call of Duty, a special Ukrainian unit says, but gamers make great drone pilots," February 6, 2025.

1) 드론 기반 좌표 식별 문제와 실전 대응

드론은 일반적으로 GPS 기반의 위치 측정 시스템을 탑재하고 있으며, 이는 WGS 84(World Geodetic System 1984) 좌표계를 기반으로 작동한다. 대부분의 군용 또는 상업용 드론은 2~5m 수준의 위치 정확도를 제공하지만, RTK(Real-Time Kinematic) 기술을 활용할 경우 센티미터 단위의 정밀도도 가능하다.[40]

그러나 드론이 적의 좌표를 자동 제공하지 않는 상황, 혹은 GPS 교란(EW 상황) 하에서는 운용자가 수동 방식으로 좌표를 추산해야 한다. 이때 유용한 방법 중 하나는 다음과 같다. 드론이 사용하는 UTM(Universal Transverse Mercator) 좌표계를 기준으로, 드론의 위치를 적의 머리 상공에 위

수동 방식 좌표 획득 개념도

---

40 Trimble, "RTK 실시간 측위 기술," 2022; Trimble, "Real-Time Kinematic (RTK): achieve centimeter-level accuracy."

치시키면 해당 좌표를 적의 좌표로 간주 가능하다. 이후 MGRS(Military Grid Reference System) 변환 프로그램을 활용해 군용 표준 좌표 체계로 변환하여 실시간 전투에 활용한다.

이는 단순한 기술적 문제 해결을 넘어, 현장에서의 빠른 판단과 숙련된 좌표 추산 능력이 작전 성공에 핵심이 됨을 시사한다. 자동화 시스템이 작동하지 않는 상황을 가정한 훈련이 반드시 병행되어야 하며, 이를 위해 드론 고도, 시야각(FOV), 탐지거리 등을 종합적으로 고려한 정찰 위치선정 전략이 사전에 수립돼야 한다.

2) 적 탐색 시 드론 운용 최적화 전략

드론은 여전히 병력 투입을 보조하는 수단으로 널리 사용되며, 탐색 효율성을 극대화하기 위한 구조적 운용 방식이 요구된다. 단순히 넓은 지역을 무작위로 탐색하는 방식에서 벗어나 다음과 같은 요소들이 중요하다.

- 고도 설정과 감지 범위 분석: 예를 들어, 고도 50m에서 사람을 인식 가능한 카메라를 운용할 경우, 감지 범위를 중심으로 지역을 격자화하고 중첩 탐색 구간을 설정한다.
- 센서 조합 운용: 광학(EO) 카메라와 열영상(IR) 카메라를 탑재한 드론을 동시 운용할 경우, 낮과 밤, 다양한 배경에서도 식별률이 크게 향상된다.
- 지형과 기상 고려: 산악·산악 및 밀림과 같이 지형 및 환경적 요인이 복잡한 지역에서는 드론의 탐지 정확도가 저하될 가능성이 있

감시고도 및 범위를 고려한 드론의 중첩감시

다.[41] 따라서 지형 맞춤형 운용 전략과 탐색 사각지대 보완 방안이 필요하다.

이러한 전략은 드론 단독 운용보다 협업 기반 다기능 운용 모델이 실전에서 더 높은 성과를 거둘 수 있다는 점을 보여준다.

---

[41] Gonroudobou, M. et al., "Treetop Detection in Mountainous Forests Using UAV," *Sensors*, Vol. 10, No. 6, 2022; Vincent-Lambert, C. et al., "Use of Unmanned Aerial Vehicles in Wilderness Search and Rescue: A Scoping Review," Prehospital and Disaster Medicine, 2023.

3) 드론 소음 문제와 은밀한 정찰

드론의 가장 큰 단점 중 하나는 회전익 시스템에서 발생하는 소음이다. 이는 야간 정찰이나 적 근접 감시에서 발각 위험을 높이며, 작전 실패로 이어질 수 있는 주요 요인이다. 이를 해결하기 위해 고려해야 할 요소는 다음과 같다.

① 최적의 비행 고도와 탐지 가능 영상모드 설정

드론의 소음이 지면에 도달하기 어려운 고도를 계산하고, 해당 고도에서도 영상 식별이 가능한지를 사전에 실험한다.

② 비행 경로 분산 및 감시 시간 최소화

동일한 지역을 반복 감시하지 않고 비가시선 경로 이동을 통한 노출 최소화 전략이 필요하다. 정찰은 발각되지 않는 것 자체가 작전의 절반이

주·야간 영상별 식별 가능 여부 실험값(작전환경, 기종에 따라 차이 발생)

운용고도	주간	야간			
	EO	흑색 IR	적색 IR	황색 IR	백색 IR
50m	○	○	○	○	○
75m	○	○	○	×	○
100m	×	○	○	○	○
125m	×	○	○	○	○
150m	×	×	×	×	○

라는 인식이 필요하며, 이를 위한 드론 기체 설계의 저소음화, 운용자의 전략적 고도 설정, 영상 식별조건 분석이 함께 이루어져야 한다.

③ IR 운용 모드 선택 기준과 식별률 비교

드론 열영상(Infrared, IR) 운용 시 영상모드의 선택은 식별률에 직접적인 영향을 미치는 요소이며, 운용자의 시각적 인식 능력과 탐지 환경의 특성까지 함께 고려해야 한다. 실험 및 운용 사례를 종합한 결과, IR 영상모드는 일반적으로 다음과 같은 순서로 인식 효율이 높은 것으로 분석된다.

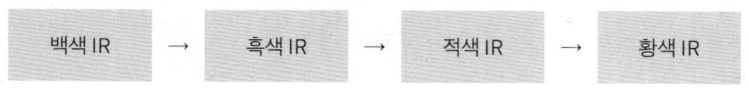

그러나 이러한 결과는 기체의 센서 성능, 운용 고도, 날씨 조건, 탐색 시간대 등 다양한 요인에 따라 달라질 수 있다. 따라서 정형화된 기준만을 따르기보다는 각 운용자가 자신의 장비 특성과 임무 환경에 맞는 최적의 IR 모드 조합을 사전에 실험하고, 경험을 기반으로 식별률이 가장 높은 설정을 도출해내는 것이 중요하다.[42] 특히 야간 작전, 수풀이나 건물 밀집지역 등 복잡 지형에서의 열신호 해석 정확도는 기계보다 사람의 시각적 판단에 좌우될 가능성이 높기 때문에, IR 운용에 대한 반복적 학습과 테스트는 전술 운용 능력 향상에 있어 필수적이다.

---

[42] FLIR Systems, "Thermal Imaging Performance Comparison Report," 2022.

드론 소음에 따른 데시벨 측정 실험값

구분		수직상공	50m 이격	100m 이격	150m 이격	200m 이격
50m	주간	52.5db (2.1db 증가)	52.0db (1.6db 증가)	49.2db (1.2db 감소)	45.5db (4.9db 감소)	43.7db (6.7db 감소)
	야간	56.3db (13.7db 증가)	53.4db (10.8db 증가)	48.9db (6.3db 증가)	47.8db (1.6db 증가)	45.1db (2.5db 증가)
75m	주간	52.3db (1.9db 증가)	51.7db (1.3db 증가)	46.4db (4.0db 감소)	46.9db (3.5db 감소)	43.4db (7.0db 감소)
	야간	53.6db (11.0db 증가)	51.6db (9.0db 증가)	49.2db (6.6db 증가)	46.7db (4.1db 증가)	45.6db (3.0db 증가)
100m	주간	50.8db (0.4db 증가)	50.6db (0.2db 증가)	46.4db (4.0db 감소)	46.7db (3.7db 감소)	43.4db (7.0db 감소)
	야간	51.2db (8.6db 증가)	50.0db (7.4db 증가)	48.3db (5.7db 증가)	46.5db (3.9db 증가)	45.6db (3.0db 증가)
125m	주간	47.7db (3.3db 감소)	48.3db (2.1db 감소)	47.1db (3.3db 감소)	46.8db (3.6db 감소)	41.6db (8.8db 감소)
	야간	49.1db (6.5db 증가)	48.9db (6.3db 증가)	48.3db (5.7db 증가)	46.3db (3.7db 증가)	44.1db (1.5db 증가)
150m	주간	46.0db (4.4db 감소)	47.0db (3.4db 감소)	44.7db (5.7db 감소)	43.1db (7.3db 감소)	41.1db (9.3db 감소)
	야간	49.7db (7.1db 증가)	51.3db (8.7db 증가)	49.4db (6.8db 증가)	48.2db (5.6db 증가)	44.3db (1.7db 증가)

* 측정 전 기본(일반적: 환경에 따라 차이 발생) 노이즈(db): 주간(50.4db), 야간(42.6db)

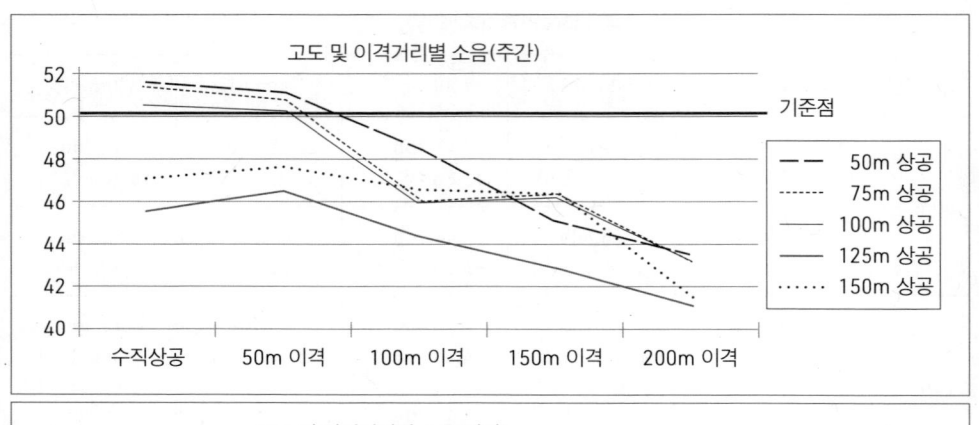

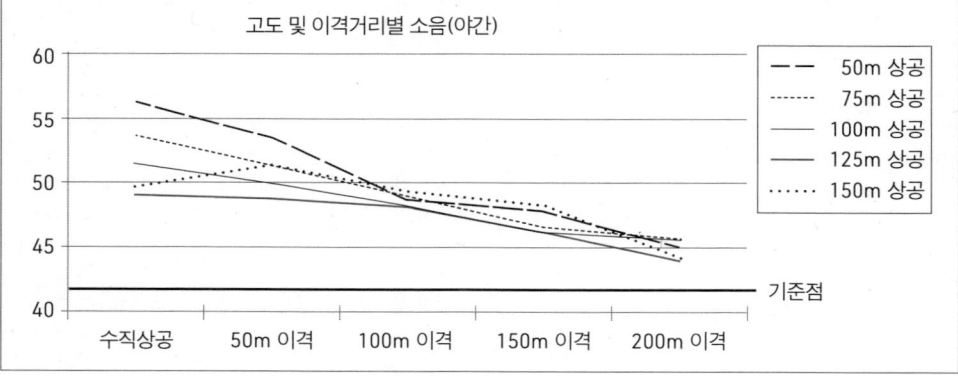

드론 소음에 따른 데시벨 측정 실험값의 시각화

고도별 촬영 가능 면적 실험값

구분	50m	75m	100m	125m	150m
면적	1,008m²	2,255m²	3,763m²	6,120m²	8,532m²
	36×28(m)	55×41(m)	71×53(m)	90×68(m)	108×79(m)
증가율	2.23배	1.66배	1.62배	1.39배	

고도별 식별 여부 실험값

구분		수직상공	50m 이격	100m 이격	150m 이격	200m 이격
50m	주간	O / O / O	O / O / O	X / O / O	X / O / O	X / O / O
	야간	O / O / O	O / O / O	O / O / O	X / O / O	X / O / O
75m	주간	O / O / O	O / O / O	X / O / O	X / O / O	X / O / O
	야간	O / O / O	O / O / O	O / O / O	O / O / O	X / X / O
100m	주간	X / O / O	O / O / O	O / O / O	X / O / O	X / O / O
	야간	O / O / O	O / O / O	O / O / O	O / O / O	X / O / O
125m	주간	X / O / O	X / X / O	X / O / O	X / O / O	X / O / O
	야간	O / O / O	O / O / O	O / O / O	O / O / O	X / X / O
150m	주간	X / O / O	X / X / O	X / O / O	X / O / O	X / O / O
	야간	O / O / O	X / O / O	X / O / O	X / O / O	X / X / O

* 배율: Min / Mid / Max

드론 기술이 비약적으로 발전하고 있지만, 그 실질적 효용은 운용자의 전략적 사고와 전장환경에 대한 이해에 따라 크게 달라진다. 자동화 기능에 의존하는 것만으로는 전술적 유연성을 확보할 수 없으며, 수동적 운용 숙련과 창의적 사고가 병행되어야 한다.

4) 소음 회피 및 고도·거리 운용 실험결과 분석

드론이 적에게 발각되는 주요 요인 중 하나는 소음 노출이다. 이에 따라 실험을 통해 운용 고도와 거리 설정이 소음 인지 확률에 미치는 영향을 분석한 결과 다음과 같은 결론을 얻었다.

- 주간 운용: 고도 100m 이상, 목표물로부터 100m 이상 이격 시 드론의 소음이 현저히 감소했고, 영상 관측에는 영향이 없었다.
- 야간 운용: 고도 125m, 거리 200m 이격 상태에서 소음 인지율이 가장 낮은 것으로 확인된다.

실험값 중 일부 오차는 발생했지만, 이러한 수치는 드론의 기종, 환경 조건, 기상 상태에 따라 달라질 수 있으므로, 자신의 운용환경에 맞는 고도·거리 기준을 직접 실험을 통해 보정하는 것이 바람직하다. 또한 실전에서 목표 식별이 필요한 경우, 초기에는 100m 고도, 100m 거리에서 정찰을 시작한 후, 의심 징후 발견 시 줌(Zoom) 기능과 이격 거리 축소를 통해 정밀 관찰로 전환하는 방식이 효과적이다. 드론의 영상 감시 면적이 좌우 약 127m라면, 다수의 드론을 투입할 경우 중첩을 고려해 100~110m 간격 당 한 대씩 배치하는 것이 정찰 누락을 최소화할 수 있는 효율적인 방법이다. 이와 같은 작전은 고정익 드론이나 하이브리드 드론의 채택, 저속 및 정지 상태에서의 감시 운용, 지형 엄폐 또는 야간 작전 활용 등을 병행함으로써 은밀성과 효율성을 동시에 확보할 수 있다.

5) 실전에서의 창의적 운용 사례

기술의 발전은 드론 운용에 있어 다양한 가능성을 열어주었지만, 전황을 바꾸는 힘은 여전히 창의적 운용에서 나온다.

기갑전력 타격에 활용되는 창의적 드론 운용 상상도

대표적 사례로, 우크라이나 전쟁에서 테르밋을 활용하여 숲을 태우는 방식이 있다. 이는 드론으로 적을 직접 타격하기보다는 적의 은폐 환경 자체를 제거하는 전략적 시도였다.[43] 이는 드론의 용도가 정찰뿐만 아니라 전술 환경을 재구성하는 도구로도 사용될 수 있음을 보여주는 사례다.

또한 다음과 같은 방식들이 실전에서 점차 보편화되고 있다.

- 심리전 장비 탑재: 확성기·경고음 등으로 적 심리 교란[44]
- 전자전 장비의 통합 운용: 통신 방해, GPS 교란을 통한 전술적 혼

---

[43] Defense News, "Ukraine's fire-dropping drones can find, shock Russian troops: experts," September 10, 2024.

[44] Wired, "Killer Drones to Get Sound System," August 12, 2009; Reddit, "Ukrainian military used a drone with a loudspeaker to convince Russian occupiers to surrender," 2024.

란 유도[45]
- 소형 폭발물 탑재: 정밀타격용 소형 드론 병력화

이처럼 기술의 진보보다 중요한 것은 제한된 환경 속에서도 이를 어떻게 창의적으로 응용하느냐에 달려 있다. 드론은 단순한 감시장비가 아닌, 사용자의 운용력과 전술적 창의성에 따라 전장을 바꾸는 핵심 무기체계로 발전할 수 있다. 따라서 운용자는 실험과 경험, 환경 분석을 통해 자신만의 운용 방안을 지속적으로 개발해 나가야 한다.

자동화 기능에만 의존하지 않고, 수동적 운용 능력을 체계적으로 훈련해야 한다. 기술적 한계를 창의성으로 극복하고, 실전에 맞춘 유연한 전술을 개발해야 한다. 무엇보다 실험값과 경험 기반의 데이터를 통해 자신만의 기준과 프로토콜을 마련해야 한다. 드론의 미래는 기술과 더불어 그 기술을 어떻게 사용하는가에 달려 있다.

---

45 CSIS, "Lessons from the Ukraine Conflict: Modern Warfare in the Age of Autonomy, Information, and Resilience," May 2, 2025; Wikipedia, "Ukraine and electronic warfare," accessed 14 August 2025.

제7장

드론 개발과 통신법

1. 군사 분야에 접목 가능한 드론 기술   2. 드론 배터리의 특성과 발전과제
3. 드론 통신 법규 및 규제가 개발에 미치는 영향
4. 드론 시장 성장 전망

1.
군사 분야에 접목 가능한 드론 기술

앞서 살펴본 바와 같이 드론은 이제 간단한 레저뿐만이 아니라 우리의 생활 주변에 많은 영향을 주고 있고, 더욱이 전장의 군사 분야에도 빠질 수 없는 영역을 차지하기 시작했다. 드론 기술은 현대 군사작전의 핵심으로 자리 잡으며, 정찰·공격·전자전·정보전·심리전 등 다양한 임무를 수행하고 있다. 기존의 유인 항공기 대비 비용 절감, 작전 효율성 증가, 위험 최소화 등의 장점을 갖고 있으며, AI, 자율 비행, 초장기 체공, 스텔스, 군집 드론 기술이 접목되면서 더욱 정밀하고 효과적인 무기체계로 발전하고 있다.

1) 실시간 정찰 및 감시 기술

군사작전에서 가장 중요한 요소 중 하나는 정확하고 실시간으로 공유되는 정보다. 이를 실현하는 기술이 바로 드론 기반 실시간 스트리밍(Real-Time Streaming, RTS) 기술이다.

드론을 이용한 실시간 영상 공유 개념도

이 기술을 통해 드론은 영상 및 센서 데이터를 지휘소에 실시간 전송할 수 있으며, 이를 통해 현장 상황에 대한 빠른 분석과 명령 체계가 가능해진다. 특히, 실시간 감시 기능은 적의 동향 분석과 즉각적인 대응에 있어 필수적이다.

RTS 기술을 군사적으로 운용하기 위해서는 보안 모듈의 적용이 필수적이다. 한국전자통신연구원(ETRI)은 드론-지상 간 통신을 암호화하는 드론보안모듈 기술을 개발하여 해킹과 도청을 방지하고 있으며, 향후 다양한 환경에서의 안정적 운용을 목표로 연구를 진행 중이다.[1]

---

[1] 한국전자통신연구원, "드론보안모듈 기술", ETRI 기술이전 안내, 2020; 한국전자통신연구원, "드론보안모듈 기술 상세 소개", ETRI 기술이전, 2020.

2) 심리전 및 경고방송용 스피커 탑재 드론

 드론은 단순한 정찰 수단을 넘어 심리전(Psyops) 및 전장 커뮤니케이션 플랫폼으로도 활용되고 있다. 이를 가능하게 하는 기술이 바로 스피커 탑재형 드론이다. 이 드론은 전장 내 다음과 같은 목적에 활용된다.

- 적군을 향한 심리적 경고방송 수행
- 대테러 작전 중 인질 협상 또는 심리 안정 유도
- 아군 간의 신속한 명령 전달 및 상황 공유

 기술적으로는 일반적으로 100~130dB급 고출력 스피커가 장착되며, 제원상으로는 500m~2km 거리까지 음성을 명확히 전달할 수 있다.

스피커 탑재형 드론 기반 심리전 개념도

LTE/5G 통신망을 활용한 실시간 음성송출 기능은 물론, TTS(Text-to-Speech) 기반 다국어 방송도 가능하여 언어 장벽을 넘은 경고방송 체계 구축이 가능하다. 다만, 이 드론의 운용에는 몇 가지 제약도 존재한다.

- 프로펠러 소음 및 기상조건에 따라 음성 전달이 왜곡될 수 있음[2]
- 장시간 방송 시 배터리 소모 증가
- 풍속이 강한 환경에서는 전송 거리 감소 가능성(환경조건과 드론에 탑재된 스피커 사양에 따라 차이 발생)

일반적 데시벨의 기준값 대비 고도별 데시벨 측정 실험값

데시벨 크기(일반적 기준)		드론의 비행 소음(수직상공)		드론 스피커
40dB	가정에서의 생활소음	50m	52.5dB	
60dB	일상의 대화	75m	49.5dB	약 115dBA (NetSpeaker 20/20s)
85dB	집에서의 음악감상	100m	48.6dB	
110dB	소리가 큰 록밴드	125m	48.3dB	
150dB	제트엔진 소음	150m	46.0dB	

환경적(바람, 습도, 주야간 등) 요인, 드론 기종 등에 따른 차이 발생

---

[2] Singh, R. & Yegnanarayana, B., "Advances in Sound and Speech Signal Processing at the Presence of Drones," arXiv preprint, arXiv:2010.09939, October 20, 2020; Zhao, Y. et al., "Wind Noise Reduction for Drones: Challenges and Solutions," arXiv preprint, arXiv:2205.09017, May 18, 2022.

3) 홀로그램 생성 드론의 기만 및 심리전 활용

홀로그램 생성 드론은 공중에 3D 이미지를 투사하여 적을 기만하거나 병력의 존재를 과장하는 심리전 수단으로 주목받고 있다. 이 기술은 볼류메트릭(Volumetric) 디스플레이 방식과 잔상 효과(Persistence of Vision, PoV) 방식으로 구현된다. 전자는 다수의 드론이 LED 혹은 레이저를 통해 3D 형상을 공중에 구성하며, 후자는 빠르게 회전하는 LED 패널이 잔상을 남겨 3차원 형태를 보여주는 방식이다.

홀로그램 이용 심리전 개념도

군사적 응용 예시

① 유도 타격 교란: 홀로그램 드론은 적의 정밀유도무기(예: IR 유도 미사일, GPS 유도폭탄)의 센서를 속이기 위한 '가짜 목표물'로 기능할 수 있다. 예를 들어 가

짜 열원과 형상을 띤 허위 미사일 기지나 전차를 띄워 적의 유도타격을 유인하고 무력화시킬 수 있다.

② 심리전용 유령 병력 투사: 야간 또는 산악지형에서 적 병력이 포위당했다고 느끼도록 병력이 접근하는 듯한 영상과 음향을 동시에 투사한다. 이는 적 병력의 심리적 붕괴를 유도하거나 방어선을 붕괴시키는 데 활용 가능하다.

③ 전력 혼란 유도용 전차·항공기 시뮬레이션: 소수의 실제 전력을 대규모 병력으로 보이게 만드는 '허위 전개'에 사용될 수 있다. 예를 들어, 세 대의 실전 전차 주변에 일곱 대의 홀로그램 전차를 띄워 적 정찰 자산에 '10대의 전차'가 진입한 것처럼 보이게 연출할 수 있다.

④ 전략시설 위장 및 역정보 제공: 공항, 활주로, 항만 등 전략 거점에 가짜 파괴 흔적 또는 가짜 이동 경로를 홀로그램으로 투사하여, 적의 정찰 위성 및 드론이 오판하도록 유도할 수 있다. 이는 고속도로나 이동식 발사차량(TEL) 위장에도 적용 가능하다.

기술적 한계는 분명하다. 낮 시간에는 햇빛으로 인해 투사된 영상의 가시성이 떨어지며, 강풍이나 비, 안개 등 기상조건에 따라 형상 왜곡이 발생할 수 있다.[3] 또한 드론 자체가 고출력 장비를 구동해야 하므로 배터리 지속 시간이 제한적이다.

홀로그램 드론은 단순한 시각 기만을 넘어서, 유도 타격 회피와 심리전의 핵심 수단이 될 수 있다. 이는 전통적인 위장술을 대체하는 '디지털 연막탄'이자, 미래 전장에서의 현대판 트로이 목마라 할 수 있다.

---

3 Virtual On, Do holographic projections work in daylight? FAQ — "Holographic projections do not work effectively in direct sunlight."; ShowTex, Cielorama — Outdoor projection scrim — "Consider the wind conditions and ensure the HoloGauze and support structure are securely anchored."

4) 3D 매핑 드론을 활용한 정밀 전장 분석

3D 매핑 드론은 LiDAR, 고해상도 카메라, 적외선 센서 등을 활용해 지형 및 건물 구조를 정밀하게 스캔하여 전장지도 생성 및 공격계획 수립에 활용된다. 특히 SLAM 기술을 적용하면 GPS가 작동하지 않는 실내 환경에서도 지도를 작성할 수 있다. 활용 기술은 크게 세 가지로 나뉜다.

- LiDAR 기반 매핑: 어두운 환경 및 건물 내부 탐색 가능
- 포토그래메트리(Photogrammetry) 기반 매핑: 저비용·고정밀 외관 스캔 가능(조명 필요)
- 열화상 및 다중 스펙트럼 기반: 균열, 누수 등 건물 결함 탐지 및 농업 응용

3D 맵핑 기반 전장 분석 개념도

미군은 도시전 대비 VR 시뮬레이션과 연계한 전장 3D 매핑 연구를 진행 중이다.[4] 대한민국의 적용 가능성도 높다. 북한의 복잡한 갱도망, 해안 요새, 전략 거점 등을 사전에 스캔·분석하는 데 3D 매핑 드론은 핵심적 역할을 수행할 수 있다. 또한 전시 작전 시 지형 맞춤형 화력 배분과 지하시설 공략 순서 결정에 있어 결정적인 정보 자산이 될 수 있다.

5) 장거리 드론 조종 기술

현재 일반적으로 사용되는 드론은 조종기의 통신 범위에 따라 비행 반경이 약 2km에 제한되는 경우가 많다. 그러나 최근 기술 발전을 통해, 단순히 조종기와 드론 간의 직접 통신에만 의존하지 않고 와이파이(Wi-Fi) 네트워크나 전용 통신망을 매개로 하여 훨씬 더 먼 거리에서도 드론을 조종할 수 있는 기술이 개발되고 있다. 이 방식은 조종자가 드론과 직접 연결되어 있지 않더라도, 드론 인근에 위치한 다른 조종기나 중계 장비를 활용해 원격 조종을 가능하게 하는 것이다.

예를 들어, 조종자가 수십, 수백 킬로미터 떨어진 지역에 있더라도, 드론이 위치한 곳 근처에 네트워크로 연결된 조종기나 중계기가 설치되어 있다면, 이 장비를 통해 명령을 중계하여 드론을 실시간으로 조종할 수 있다. 조종자는 자신의 위치에서 명령을 내리고, 이 명령은 네트워크를 통해 중계 장비로 전달된 뒤, 최종적으로 드론에 입력되어 작동하는 구조다.

---

[4] Military.com, "Army is Building a 3D Database of Real Cities for Virtual Reality Training," July 18, 2019; Wikipedia, "Buckeye system," accessed 9 August 2025; Wikipedia, "Augmented Reality Sandtable, accessed 9 August 2025.

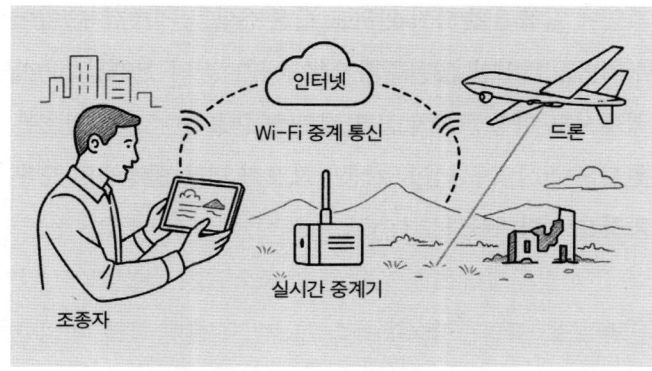

장거리 드론 원격조종 개념도

이 기술의 가장 큰 장점은, 비행 반경에 대한 물리적 제약을 획기적으로 해소할 수 있다는 점이다. 기존처럼 조종기와 드론이 일정 거리 이내에서만 직접 통신해야 하는 한계를 벗어나, 인터넷이나 별도 통신망을 활용해 훨씬 먼 거리에서도 드론을 자유롭게 운용할 수 있게 된 것이다. 특히 중간 경로에 여러 개의 중계 장비를 설치하면, 더욱 넓은 지역을 커버할 수 있어 작전 반경을 대폭 확대할 수 있다.

필자 또한 실제로 이 기술을 운용해본 경험이 있다. 10km 이상의 거리에서 원격으로 드론을 통제하는 실험을 수행한 바 있으며, 이를 통해 네트워크 기반 조종 체계의 효율성과 가능성을 직접 확인할 수 있었다.

군사작전에서는 이 기술이 다양한 방식으로 활용될 수 있다. 예를 들어, 전방 깊숙이 침투한 드론을 안전한 후방 기지에서 원격 조종할 수 있으며, 국경 너머 지역에 대한 감시 및 정찰 임무에도 매우 유용하다. 또한, 여러 거점에 중계 장비를 배치하고, 후방 지휘소에서 분산된 다수의 드론을 통합적으로 지휘·운용하는 것도 가능해질 것이다.

이러한 방식은 단순히 작전 범위를 넓히는 데 그치지 않는다. 조종자가 위험지역에 직접 노출되지 않고도 드론 운용을 지속할 수 있어 작전의 안전성과 지속성을 크게 높여준다. 더 나아가, 적의 전자전(EW) 공격이나 재밍 상황에서도 다양한 네트워크 경로를 활용하여 조종 신호를 우회하거나 복원할 수 있는 가능성을 제공함으로써 더욱 안정적인 드론 작전이 가능해질 것으로 기대된다.

6) 군집 드론을 활용한 대규모 공격

군집 드론(Drone Swarm) 기술은 다수의 드론이 네트워크를 통해 협력·자율 작전을 수행하는 방식으로, 방공망 압도, 동시다발 공격, 전자전 수행 등에서 탁월한 효과를 보인다.

AI 기반 자율 비행 알고리즘으로 편대 형성을 하고, 실시간 정보 공유를 통해 적의 대응을 무력화하는 이점이 있다. 전통적인 레이더 기반 방공망은 다량의 소형 드론을 식별·대응하기 어려우며, 드론 한 대당 비용이 저렴하기 때문에 비대칭 전력으로서의 파괴력이 매우 크다.

- 튀르키예의 KARGU-2 군집 드론은 2020년 리비아 내전에서 자율 타격 임무 수행[5]
- 미국은 OFFSET 프로그램을 통해 도시 전투용 군집 드론 전술 개

---

5 IEEE Spectrum, "Lethal Autonomous Weapons Exist; They Must Be Banned," June 8, 2021; Reuters, "New era of robot war may be underway, unnoticed," May 29, 2021.

군집 드론 운용 형상도

발 중[6]

- 중국은 대규모 드론 공연은 군사적 활용 가능성을 시사하며, 관련 기술이 군집 드론 전술로 전환될 수 있다는 분석도 있음[7]

6　Defense Advanced Research Projects Agency (DARPA), "OFFensive Swarm-Enabled Tactics (OFFSET)," n.d.; DARPA News, "OFFSET Swarm Systems Successfully Demonstrate Urban Raid Tactics," January 14, 2020; DARPA News, "OFFSET Swarms Take Flight," December 21, 2021.

7　Straight Arrow News, "China Drone Show Sparks Global Admiration, Military Concerns," October 1, 2024; Wikipedia, "Military-Civil Fusion," accessed August 14, 2025.

7) 항재밍 드론(Anti-Jamming Drone)의 등장

전통적인 재밍 시스템은 적뿐 아니라 아군 통신도 방해하는 이중적 문제를 지녔으나, 항재밍 드론은 이를 해결하기 위한 기술이다. 자기 자신 및 우군에게는 영향 없이 적 통신만 선별적으로 교란하는 것이 핵심이다.

항재밍 드론의 3대 기능

- 적 드론 및 무인기 교란: 고출력 전파 방사로 적 드론 귀환 또는 낙하 유도
- 자기 방호 실드 생성: 아군 무선 시스템은 영향을 받지 않도록 고주파 차단막 형성
- 동일 편 드론 간 연계 유지: 다수 드론이 하나의 네트워크로 작동하면서 공동 작전 수행

실전적 응용 가능 방향은 다음과 같다.

- 적군이 드론을 활용해 침투하는 상황에서 항재밍 드론 투입
- 적 드론 무력화 후 아군 방어망 유지
- 통신이 단절된 산악·해양 작전에서 아군 통신 릴레이 드론과 함께 운용
- 네트워크 유지 확보
- 다수의 항재밍 드론을 방어 선단에 배치하여 드론 중심 전자전 공간 구축

항재밍 기술은 단순한 '방해' 기술이 아닌, 전장을 지배할 수 있는 사이

항재밍 드론의 형상도

버 공간의 주도권을 의미한다. 이는 물리적 무기보다 더 위험할 수 있는 '보이지 않는 전쟁'의 핵심 전력이다.

현재 국내에서는 한 중소 드론업체가 항재밍 드론 기술을 개발하여 시험평가 단계에 진입한 상태다. 이와 같은 사례는 향후 항재밍 드론의 실용화 및 다양한 운용 가능성에 대한 실증적 기반을 제공한다. 실제 전장에 투입되기 위해서는 향후 전자전 환경에 대한 반복적 테스트 및 통신 안정성 확보, 아군 시스템과의 연동성 검증 등의 과제가 뒤따를 것으로 보인다.

8) 자율성 기반 차세대 드론 개념, 자드론과 모드론

드론 기술이 정밀화되며 단순한 원격조종을 넘어 자율성과 조종방식에 따라 '자드론'과 '모드론'으로 구분하는 경향이 나타나고 있다. 이는 군사 분야에서 운용 유연성과 대응 속도를 높이는 데 핵심적이다.

① 자드론(自-Drone, Autonomous Drone)

완전 자율비행 및 임무수행이 가능하며, AI 기반으로 목표를 탐지하고, 위협을 분석하고, 공격 및 귀환까지 스스로 수행한다. 예로는 자율 정찰 드론, 자폭형 드론, 경계 임무용 스테이션 드론 등이 있다. 리비아 내전에서 실전 투입된 KARGU-2 드론은 자드론의 대표 사례. 인간의 명령 없이도 목표 식별 후 타격을 수행한 것으로 알려졌다.

② 모드론(Mode-Drone)

수동·반자동·자율모드로 전환 가능하며, 지형·상황에 따라 모드

모드론과 자드론(좌), 군집드론(우)

조절(Manual, Semi-Auto, Full-Auto)이 가능하다. 유인기와의 연동 운용에 적합하다.

군사적 의미로 보았을 때, 자드론은 병력 절감과 고위험 임무 대체 가능성에서 강점을 지니며, 인간 개입 없이 임무를 끝낼 수 있는 '전장의 도우미'이자 독립 전력이다. 반면 모드론은 현장 전술가의 명령을 반영할 수 있는 유연성을 지녀, 전투기·지휘헬기와 연동 운용 시 강점을 발휘한다.

모드론, 자드론, 군집드론의 차이점

결론적으로 모드론은 조종사가 필요에 따라 개입할 수 있는 하이브리드형 드론으로, 수동, 반자동, 자동 모드를 전환할 수 있는 것이 특징이다. 군사적으로는 정찰, 감시, 목표 추적 등의 임무에서 활용되며, 조종사의 개입이 필요한 작전에 적합하다.

자드론은 AI가 완전한 자율 비행을 수행하는 드론으로, 조종사의 명령 없이 목표 탐색, 타격, 정찰 등의 임무를 수행할 수 있다. 특히 군사작전에서 인간의 개입 없이 적을 자동 공격할 수 있는 기술로 발전하고 있으며, 향후 무인 전투체계의 핵심 기술로 자리 잡을 가능성이 크다.

군집드론은 여러 대의 드론이 하나의 네트워크로 연결되어 협력하며 작전을 수행하는 시스템으로, 적의 방공망을 무력화하거나 다수의 목표물을 동시에 공격하는 데 특화되어 있다. 개별 드론이 각각 독립적으로 작전을 수행하는 것이 아니라 집단적으로 움직이며 AI 기반 협력 작전을 수행하는 것이 가장 큰 차이점이다.

모드론과 자드론, 군집드론의 비교

구분	모드론 (Mode-Mode)	자드론 (Autonomous Drone)	군집드론 (Drone Swarm)
자율성	수동, 반자동, 자동모드 전환 가능	완전자동(AI가 모든 과정 수행)	여러 대의 드론이 네트워크로 협력하여 자율 비행
조종 필요성	필요시 조종사가 개입	스스로 임무 수행	AI 및 네트워크 기반 협력비행

의사결정	조종사와 AI가 협력	AI가 독립적으로 판단	다수의 드론이 네트워크 기반으로 협력
임무수행 방식	단독운용 또는 반자동 작전 수행 가능	개별 드론이 독립적으로 작전수행 가능	다수의 드론이 하나의 목표를 위해 협력
군사적 활동도	정찰, 감시, 자동화된 타격	AI 기반 자동 타격 및 정찰	적 방공망 무력화, 다중목표 동시 타격

모드론과 자드론을 별도로 운용할 수도 있지만 함께 운용하여 드론 편대(공대공, 공대지, 전자전 등)를 만들어 운용할 수도 있다. 이러한 기술은 국내에서도 이미 몇 년 전 개발되어 시험운용까지 마친 상태다.

9) 새로운 패러다임의 무인기 요격 시스템

오늘날 무인기(드론)는 군사·비군사 분야를 넘나들며 다양한 위협을 야기하고 있다. 특히 군집형 소형 드론은 탐지가 어렵고, 개별 요격의 효율성이 떨어지는 데다 전파 교란에도 높은 적응성을 보이며 전장과 도시를 가리지 않고 급속히 확산되고 있다. 이에 따라 기존의 회수형 요격, 레이저 무기, 재밍 시스템만으로는 복합적인 위협에 즉각적·결정적으로 대응하기 어려운 현실적 한계가 드러나고 있다.

이러한 배경 속에서 등장한 것이 바로 자폭형 도폭선 요격 드론 시스템이다. 이 시스템은 비교적 단순한 발상에서 출발하지만, 운용상의 혁신성과 기술적 융합성이 매우 높아 현재 일부 요소는 실험을 통해 검증되었으며 앞으로의 기술 보완을 통해 다양한 국방 환경에 적용 가능한 미래형 드론 대응 수단으로 예상된다.

핵심 개념은 명확하다. 요격 드론(A-Drone)은 자동화된 센서 시스템으로 적 드론을 탐지하고, 일정 거리 이내로 접근하면 그물 형태의 도폭선(폭약 전도선)을 발사한다. 이는 적 드론의 진행 궤도를 차단하거나 포획하며, 요격 드론 본체에 지연신관이 자폭함으로써 도폭선을 따라 동시 폭발이 이루어지고, 포착된 적 드론을 높은 확률로 파괴하게 된다. 도폭선은 얇고 유연한 소재 위에 폭발 전도 기능을 부여한 선(줄) 형태의 구조물로, 미세한 충격에도 강력한 폭발을 일으키도록 설계할 수 있다. 실전에서는 1기 적 드론을 요격하기 위해 3~5기의 드론을 동시 발사하여 교차망 형태로 적 드론의 궤도를 차단하고 요격 성공률을 극대화하는 방식이 적용될 수 있다.

현재 기체 운용, 발사 메커니즘, 그물형 전개 등 물리적 하드웨어 측면은 일정 부분 실험이 완료되었으며, 안정적인 반응성과 작동률을 확보

무인기 요격 시스템 형상도

하고 있다. 다만 기술적으로는 아직 완성단계에 도달한 것은 아니며, 아직 일부 소프트웨어는 추가 개발이 필요한 단계다. 특히 다국적 운용환경에 적용되기 위해서는 자율 비행, 오작동 방지, 통신 불능 지역에서도 대응 가능한 재밍 내성 시스템과 AI 표적 분류 알고리즘의 완성이 뒤따라야 한다.

그럼에도 불구하고 이 시스템은 현실성 높은 '과도기형 미래기술'로 예상된다. 이스라엘의 미사일 방호체계와 같이 앞으로의 드론 전장에서 미사일만이 아닌, 드론에 대한 방호를 위해서는 유의미한 방호체계의 한 축으로 자리 잡을 수 있을 것이다. 이것은 중요시설방호, 한반도와 같은 군사분계선 등 일정한 방벽 형태의 의미를 제공하기에도 충분하다.

이 시스템은 단순한 드론 요격을 넘어, 공간 장악력을 확보하는 미래형 전장 도구로 진화할 가능성이 크다. 현재의 기술로 시작하여 점진적인 소프트웨어 통합과 전략적 운용 시뮬레이션이 결합된다면, 가까운 시일 내 전장에서 요구하는 차세대 드론 대응체계로 자리 잡을 수 있을 것이다. 무엇보다도 기존 방어 중심 대응을 넘어 공격적·선제적 요격이 가능한 전술적 무기체계로서의 도입 가능성이 열려 있다는 점에서, 이 기술은 미래 전장의 실험적이면서도 실용적인 대안으로 평가될 것이다.

10) 드론을 활용한 표적 좌표 획득

드론이 특정 표적의 정확한 좌표(위도·경도·고도)를 산출하는 기술은 현대 군사작전에서의 핵심 역량 중 하나다. 단순히 드론이 자신의 위치만 파악하는 수준에서 벗어나, 드론이 '바라보고 있는 지점의 좌표'를 실시간으로 획득하는 능력이 요구되고 있다. 이는 적군 식별 직후 정밀타격이나 병력 유도, 포병 사격 지시 등에 즉각적으로 연결되기 때문이다.

드론의 좌표 산출 기술은 좌표 획득에 필요한 기술적 원리에 따라, 다음의 센서 융합 방식으로 구현된다.

- GNSS(위성항법 시스템): 드론의 실시간 위치(위도·경도) 제공
- IMU(관성측정장치): 드론의 자세, 기울기, 회전 방향 등 기체 상태 보정
- 카메라 및 센서 지향각 정보: 드론이 바라보는 방향 계산
- LiDAR(레이저 거리 측정) 또는 영상 기반 거리 추정: 표적까지의 거리 측정

이 네 요소를 통합하여 드론에서 표적까지의 상대 좌표를 절대 위치로 환산하는 방식이다. 이를 통해 표적의 정확한 좌표(MGRS, WGS84 등) 획득이 가능해진다.

주요 기술 방식 비교

방식	특징	장점	한계
GNSS/IMU 기반	드론 위치 + 방향정보 활용	실시간성 뛰어남	GPS 교란에 취약, 위성 음영지역 사용 제한
영상분석 기반	AI로 표적 탐지 후 좌표 추정	GNSS 불필요, 자동 표적 탐지	기상, 해상도, 이동 표적 취약
LiDAR 기반	정밀거리 측정 후 계산	고정밀 좌표 산출 가능	비용, 전력 소모 높고, 특정 표면 반사에 취약

현재는 영상분석 + GNSS/IMU 통합, 혹은 LiDAR + GNSS 융합 방식이 시도되고 있으며, AI 기반 예측 모델과의 결합을 통해 좌표 획득의 정확도

와 속도를 동시에 높이는 기술을 개발 중이다.[8] 드론의 좌표 획득 기술은 단순한 정찰 능력의 한계를 넘어 전장을 수치화·지도화하는 능력으로 확장되고 있다. 좌표를 제공할 수 없는 드론은 정보는 탐지하더라도 실전에서 '무력'한 장비일 수밖에 없다.

이 기술은 군사 정찰, 미사일 유도, 공습 유도 등의 군사분야 이외에도 재난구조 현장(생존자 위치좌표 전송), 산업용 검사 드론(구조물 결함좌표 지정), 농업·건설 현장(작업구역의 정확한 위치 식별) 등에 활용 가능하다. 향후 드론 좌표 산출 기술은 다음과 같은 방향으로 진화할 것으로 전망된다.

- AI 딥러닝 기반 자동 좌표화 시스템
- 극한 환경용 GNSS 미의존 위치 산출 알고리즘
- 양자 항법 기반 IMU 탑재
- 경량화된 LiDAR + 초해상도 센서 융합 장비

---

[8] Roverso, D., et al., "Factor Graph Fusion of Raw GNSS Sensing with IMU and LiDAR for Precise Robot Localization Without a Base Station," arXiv preprint arXiv:2209.14649, September 29, 2022; Zuo, X., et al., "Super Odometry: IMU-centric LiDAR-Visual-Inertial Estimator for Challenging Environments," arXiv preprint arXiv:2104.14938, April 29, 2021; Mavromatis, A., et al., "Dynamic Target Tracking and Following with UAVs Using Deep Learning and Kalman Filter-Based Prediction," Drones, 8(9): 488, 2024; Li, X., et al., "Deep Learning for Inertial Positioning: A Survey," arXiv preprint arXiv:2303.03757, June 20, 2023.

11) 미래 전장의 패러다임 변화와 드론 기술의 진화

이처럼 드론은 더 이상 단순한 비행 장비가 아니라 미래 전장에서 전술과 전략을 완전히 바꾸는 전환점으로 작용하고 있다. 특히, 정찰 및 공격 기능을 넘어서 심리전, 통신 중계, 전자전, 화생방 탐지, 스텔스 작전 등 다영역에 걸쳐 작전 반경을 확대해나가고 있다. 예상되는 핵심 기술 발전은 다음과 같다.

- AI 기반 자율 작전: 사람 개입 없이 임무 판단 및 수행
- 군집 드론(Swarm): 다수의 드론이 자동으로 편대 운용
- 초장기 체공 UAV: 태양광, 핵 배터리 기반 수일~수개월 체공
- 극초음속 UAV: 5마하 이상의 속도로 정찰·공격 임무 수행

미래의 무인 전장은 탐지-판단-공격의 모든 단계를 자동화된 드론 체계가 수행하는 시대를 예고하고 있다. 이는 인간 병력이 참여하는 '유인 중심 전장'에서, 알고리즘과 센서가 지배하는 무인체계 중심의 전장으로 패러다임이 전환되고 있다는 신호다.

2.
드론 배터리의 특성과 발전과제

　　드론의 비행 방식은 크게 회전익(멀티콥터)과 고정익(비행기형 드론)으로 구분되며, 이에 따라 사용하는 배터리의 종류와 특성도 달라진다. 회전익 드론은 정지 상태를 유지하기 위해 지속적인 프로펠러 회전이 요구되므로 순간적으로 높은 전력을 필요로 한다. 이에 따라 배터리의 출력 성능이 중요하며, 주로 리튬 폴리머(Li-Po) 배터리가 사용된다. 반면, 고정익 드론은 날개의 양력을 활용해 상대적으로 적은 에너지를 소모하면서도 장시간 비행이 가능하므로 에너지 밀도가 높은 리튬 이온(Li-Ion) 배터리가 주로 사용된다. 또한, 최근에는 장기 비행이 가능한 수소 연료전지나 태양광 발전 시스템, 자가발전형 배터리, 고체 배터리 등 차세대 배터리 기술이 군용 및 산업용 드론에 적용되며 실용화 가능성을 넓히고 있다.

1) 회전익 드론: 리튬 폴리머(Li-Po) 배터리

　　리튬 폴리머 배터리는 고출력과 가벼운 무게라는 장점을 가지고 있어 회전익 드론에 적합하다. 특히 순간적인 전력 공급이 필요한 상황에서도 안정적인 성능을 발휘하며, 충전 속도도 빠르다. 그러나 충·방전 수명이 짧고, 과충전이나 과방전 시 폭발 위험이 존재해 안전성 관리가 필수적이다. 최근에는 군사용 드론의 장기 체공 및 작전 안정성을 확보하기 위한 고안정성 리튬 기반 배터리 기술이 별도로 개발되고 있다.[9]

2) 고정익 드론: 리튬 이온(Li-Ion) 배터리

고정익 드론은 비행 중 양력을 유지하므로 프로펠러의 지속 회전이 필요 없고, 에너지 효율성이 뛰어나다. 이로 인해 고에너지 밀도를 제공하는 리튬 이온 배터리가 적합하다. 리튬 이온 배터리는 충·방전 수명이 길고 장시간 비행에 유리하지만, 순간 출력이 낮고 충전 시간이 길다는 단점이 있다.[10]

3) 장기 체공 드론: 수소 연료전지

수소 연료전지는 화학 반응을 통해 전기를 생성하며, 일반 배터리 대비 최대 3~5배에 달하는 비행 시간을 제공할 수 있다. 무거운 장비를 탑재한 장기 임무에 적합하며, 환경친화적이기도 하다. 그러나 연료 공급 인프

---

9   Reuters, "Slovak startup InoBat launches battery for military drones," Reuters, May 19, 2025.
10   Grepow.com, "Li-ion vs LiPo Batteries for Drones: Which Battery for Optimal Drone Endurance?" April 9, 2025; Grepow.com, "The Comprehensive Guide to Drone Batteries," June 23, 2025.

라의 부족과 낮은 온도에서의 반응 저하, 저장의 어려움 등으로 인해 상용화에는 기술적 과제가 남아 있다.[11]

4) 태양광 기반 드론

태양광 패널을 장착한 드론은 비행과 동시에 충전을 진행할 수 있어, 이론적으로 무제한 비행이 가능하다. 이러한 기술은 주로 고고도 장기 체공 드론(HALE)에 적용되며, 통신 중계, 환경 감시, 재난 대응 등에 활용되고 있다. 하지만 날씨와 일조량, 야간 운용 시 한계가 뚜렷하며, 출력이 낮아 중장비를 탑재한 임무에는 적합하지 않다.[12]

5) 자가발전형 드론 및 차세대 배터리 기술

자가발전형 드론은 엔진을 통해 자체적으로 전력을 생산하며 장시간 운용이 가능하지만, 소음과 진동, 연료 관리 문제로 인해 실전 운용에는 제한이 있다. 이를 보완하기 위한 기술로는 고체 배터리(Solid-State Battery),

---

[11] Shen, A. et al., "Development and Application of Hydrogen Fuel Cell Multi-Rotor Drones," *Energies*, 17(16), 2024; DroneLife, "Breaking the limits: How solid-state hydrogen is powering the next generation of UAVs," DroneLife, April 4, 2025; Wikipedia, "Proton-exchange membrane fuel cell," accessed 13 August 2025.

[12] Wikipedia, "AeroVironment Helios Prototype," accessed 5 August 2025; Wikipedia, "NASA ERAST Program," accessed 5 August 2025.

AI 기반 배터리 관리 시스템(BMS), 방사성 동위원소(RTG) 기반 핵 배터리 등이 있다. 특히 고체 배터리는 리튬 이온 배터리보다 안전성과 에너지 밀도가 뛰어나고, RTG는 방사성 동위원소 전지로, 장기적인 전력 공급과 혹독한 환경에서의 유지보수 필요 없는 특성 덕분에 우주 탐사 분야에서 널리 사용되고 있다. 이러한 특성은 군사용 장기 체공 플랫폼에 대한 연구에서도 고려될 수 있다.[13]

배터리는 단순한 동력 공급장치를 넘어 드론의 비행 시간, 기동성, 작전 가능 범위, 임무 수행능력에 직접적인 영향을 미치는 핵심 구성요소다. 특히 군사작전에서 드론은 정찰, 감시, 타격, 전자전 등 다양한 임무에 투입되기 때문에, 배터리 기술의 발전은 드론 전력화의 근간이 된다. 향후 드론 배터리 기술의 발전 방향은 다음과 같다.

- 고체 배터리를 통한 폭발 방지 및 고에너지 저장
- 레이저 기반 무선충전 기술(Power Beaming)로 공중 급유 실현
- AI 기반 BMS로 실시간 전력 분배 및 효율 최적화
- 수소 연료전지와 태양광 기술의 복합 운용

방사성 동위원소(RTG) 기반 기술이 본격 도입되어 초장기 운용 드론이 실용화된다면 드론은 단순 감시 플랫폼을 넘어 장기 임무를 수행하는 자율 무인 전력체계로 진화할 것이며, 특히 재난 대응, 환경 감시, 고위험 정찰, 심지어 우주 임무에서도 새로운 가능성을 열게 될 것이다.

---

13 Wikipedia, "Radioisotope thermoelectric generator," accessed 9 August 2025; World Nuclear Association, "Nuclear Batteries for Space Applications."

3.
드론 통신 법규 및 규제가 개발에 미치는 영향

드론은 점차 다양한 분야에서 필수적인 기술로 자리매김하고 있다. 상업적 용도뿐 아니라 군사, 구조, 감시 등 고위험 분야에서의 활용이 늘어남에 따라, 이를 통제하고 관리하기 위한 각국의 통신 법규와 주파수 규제도 강화되는 추세다. 특히 드론은 지상과 실시간으로 정보를 주고받아야 하기 때문에 안정적이고 허가된 주파수 대역을 사용하는 것이 필수적이며, 이는 곧 드론 개발과 운용에 직접적인 영향을 끼친다.

통상적으로 드론이 사용하는 주파수 대역은 2.4GHz와 5.8GHz가 중심이지만, 장거리 비행이나 고해상도 영상 전송을 위해서는 900MHz, 1.3GHz, 24GHz 이상의 대역까지도 사용된다. 주파수의 특성에 따라 전송 속도, 전송 거리, 장애물 통과 특성에서 차이가 발생하며, 특히 국가별로 주어진 사용 대역이 드론 기술의 설계 방향과 운용 전략에 큰 영향을 미친다.[14]

---

14 Military Aerospace, "FCC announces new rules for dedicated RF frequencies for UAS operators."; Autonomy Global, "The Critical Importance of Wide RF-Cyber C-UAS Coverage for Rapidly Changing UAS Frequency Bands."; FlyEye, "Drone Communication: How Radio Frequencies

미국은 드론에 사용하는 주파수 대역으로 2.4GHz와 5.8GHz를 중심으로 하되, 장거리 통신이나 교외 운용을 위해 900MHz, 1.3GHz 등의 중저주파도 함께 활용하고 있으며, 일부 고성능·군용 드론에는 24GHz 이상의 고주파 대역도 적용되고 있다. 주파수 특성은 드론의 통신 거리, 장애물 회피 능력, 데이터 전송 속도 등에 따라 기술 설계와 운용 전략에 중요한 영향을 미친다.[15]

유럽연합 또한 유사한 규제를 적용하되, 회원국별로 데이터 보호 및 프라이버시 문제로 영상 전송이나 특정 기능에 제약을 가하는 경우가 있다. 특히 NATO 국가들은 공통의 군사용 주파수 대역을 사용하고 있으나, 그 내용은 공개되지 않는 경우가 많다.

반면, 중국은 드론 생산 및 수출에서는 강세를 보이지만, 자국 내에서는 2.4GHz와 5.8GHz를 중심으로 제한된 주파수만을 허용하고 있으며, BVLOS 비행도 사실상 제한적이다.[16] 국가 차원의 통제 시스템을 갖추고 있어 모든 드론은 실시간 감시를 받으며, 민간이나 외국 기업의 자유로운 운용에는 많은 제약이 따른다. 러시아, 이란 등도 유사한 경향을 보이며, 특정 주파수 대역은 군사 전용으로 지정되어 있고, 장거리 비행은 정부 승인 없이는 불가능

Affect Performance," n.d.

15 Airsight, "Drone Communication – Data Link"; FlyEye, "Drone Communication Systems," n.d.; HFUnderground, "UAV Frequency Bands"; Shen, A. et al., "Development and Application of Hydrogen Fuel Cell Multi-Rotor Drones," *Energies*, 17(16), 2024.

16 China Ministry of Industry and Information Technology (MIIT), "Regulations on the Use of Radio Frequencies by Civil Drones," 2020; Civil Aviation Administration of China (CAAC), "Interim Provisions on the Management of Civil Unmanned Aerial Vehicle Operations," 2019; International Telecommunication Union (ITU), "Use of radio spectrum for unmanned aircraft systems (UAS)," Recommendation ITU-R M.2171, 2018; Federal Aviation Administration (FAA), "Integration of Civil Unmanned Aircraft Systems (UAS) in the National Airspace System Roadmap," 2021.

하다. 일본과 한국은 각각의 국방부 또는 방위성 주도로 특정 대역을 군사용으로 따로 지정하고 있으며, 상업용 드론은 제한된 대역에서만 운용이 가능하다.

각국의 BVLOS 허용 여부도 드론 기술 발전에 큰 영향을 미친다. 미국과 일부 유럽 국가는 비교적 적극적으로 이를 허용하고 있어, 장거리 정찰, 배송, 구조 활동 등의 기술과 시장이 빠르게 성장 중이다. 반면 한국, 일본, 튀르키예 등은 조건부 또는 제한적으로 BVLOS를 허용하며, 중국, 러시아, 이란 등은 국가안보를 이유로 사실상 이를 금지하거나 극도로 제한하고 있다.

BVLOS(Beyond Visual Line of Sight)란?

조종자의 시야를 벗어난 비행을 의미한다. 즉, 드론을 조종하는 사람이 눈으로 직접 볼 수 없는 거리에서 드론을 운용하는 것을 뜻한다. 일반적인 드론 조종은 VLOS(Visual Line of Sight, 조종자의 시야 내 비행) 상태에서 이루어진다. 하지만 BVLOS 비행을 허용하면 장거리 드론 배송, 장기 정찰, 구조 활동 등에서 활용 범위가 크게 확장된다. BVLOS 비행이 가능한 드론은 기본적으로 자동 비행 시스템, 위성·LTE 통신, 실시간 영상 전송 기능을 갖추어야 하며, 각국의 항공 규제기관이 이를 엄격히 관리한다.

이와 같은 각국의 규제는 드론 개발사에 있어 커다란 도전 과제가 된다. 글로벌 시장을 겨냥해 드론을 제작하는 경우, 각국의 법률에 맞는 통신 모듈과 주파수 장비를 따로 설계해야 하며, 이는 제품의 복잡성과 개발 비용을 증가시킨다. 예를 들어, 미국과 유럽에서 자유롭게 활용할 수 있는 900MHz 대역이 중국이나 한국에서는 제한되기 때문에 동일 기체라도 수출 대상 국가에 따라 하드웨어 구성이 달라질 수밖에 없다.

또한 정부 감시 시스템이 강력한 국가일수록 외국산 드론이 진입하기 어려우며, 이는 자국 중심의 기술 생태계를 유도하기도 하지만, 기술의 다양성과 상호 운용성 면에서는 한계로 작용할 수 있다. 특히 군사용 드론을 개발하는 경우, 허용 주파수 대역과 전자전 대응 능력, BVLOS 시스템 등이 필수 요소로 간주되기 때문에 통신환경은 기술 전략의 핵심이다.

결론적으로 드론 통신 법규와 주파수 규제는 단순한 법적 문제를 넘어 기술 발전과 산업 생태계 전체에 영향을 미치는 요소다. 향후에는 국제적인 표준화가 더욱 중요해질 것이며, 국제전기통신연합(ITU), 국제민간항공기구(ICAO) 등을 중심으로 국가 간 호환성을 높이는 노력이 병행되어야 할 것이다. AI 기반 주파수 최적화 기술, 다중 주파수 대응 드론 시스템, 그리고 범용 통신 모듈 개발이 그 해법이 될 수 있으며, 이를 통해 드론 기술은 보다 넓은 활용 영역으로 나아갈 수 있을 것이다.

4. 드론 시장 성장 전망

드론 산업은 전 세계적으로 빠르게 성장하고 있으며, 군사적 용도를 넘어 다양한 분야에서 활용되고 있다. SIPRI(Stockholm International Peace Research Institute, 스톡홀름 국제평화연구소), 스태시스타(Statista, 세계 시장 조사기관)의 글로벌 드론 산업 보고서, 마켓리서치퓨처(Market Research Future, MRFR)의 UAV(무인기) 시장 전망 보고서, 골드만삭스(Goldman Sachs), PwC 등 글로벌 컨설팅 기업의 시장 전망 보고서에 따르면, 2020년 이후 드론 시장은 군사 및 민간 부문의 수요 증가로 인해 급격히 성장하고 있으며, 2030년까지 1,130억 달러 규모로 확대될 것으로 전망된다.

특히 정찰 및 공격용 군사드론 개발이 활발히 이루어지고 있으며, 동시에 물류, 농업, 재난 구조, 보안, 우주 탐사 등 다양한 산업에서도 드론이 활용되고 있다. 이에 따라 2024년 글로벌 드론 시장 규모는 약 400억 달러로 추정되며, 2030년까지 연평균 20% 이상의 성장률을 기록할 것으로 예상된다.

현재 국가별 세계 드론 산업을 선도하는 회사들의 방향은 다음과 같다.

연도	시장 규모(억 달러)
2020	220
2021	250
2022	290
2023	340
2024	400
2025	480
2026	570
2027	680
2028	810
2029	960
2030	1,130

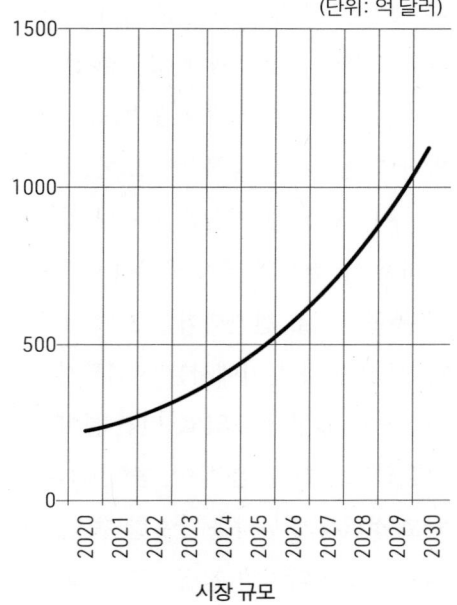

먼저, 미국의 드론회사는 고성능 무장 드론을 개발하며 군사용 드론 시장을 선도하고 있다. 정밀타격 능력과 장거리 체공 성능을 기반으로 미군 및 동맹국에 널리 배치되어 있다.

중국의 상업용 드론회사는 세계 최대의 상업용 드론 제조업체로, 취미용 촬영 드론을 비롯해 농업, 물류, 건설, 보안 등 다양한 분야에서 활용 가능한 드론 플랫폼을 제공하고 있다. 중국 정부와의 연계성 및 기술 독점 우려로 인해 일부 국가에서는 제한적 조치를 취하기도 했지만, 상업용 드론 분야에서 기술력과 시장 점유율은 여전히 독보적이다.

튀르키예는 군사용 드론 분야에서 괄목할 성장을 보이고 있다. 자국산 드론이 실제 전장에서의 성과를 통해 높은 평가를 받고 있으며, 중동 및 유럽 국가들에 수출되며 국제시장에서 경쟁력을 확보하고 있다.

이스라엘의 드론 관련 회사는 드론 기술의 선구자 중 하나로, 감시·정찰용 무인기를 포함해 고성능 전술 드론을 개발하고 있다. 이스라엘은 소형 무인기 분야에서 기술적으로 높은 수준을 유지하고 있으며, 글로벌 방산 수출의 주요 품목으로 드론을 자리매김 시켰다.

이처럼 드론 기술은 단순한 항공기 조종 기술을 넘어 센서 기술, 자율비행 AI, 실시간 데이터 분석 및 전송 기술, 장기 체공 배터리 시스템 등과 복합적으로 연결되어 있으며, 4차 산업혁명의 핵심 기술로 평가받는다. 특히 군사 분야에서는 전력투사 및 감시, 정찰 등에서 필수적인 전략 자산으로 인정받고 있고, 민간 분야에서는 기존 산업을 혁신하는 도구로 작용하고 있다. 예를 들어, 농업에서는 작물 생육 상태를 실시간으로 점검하고 정밀하게 농약을 살포할 수 있으며, 물류 분야에서는 도심 내 단거리 배송에서 산악지역 긴급 구조물품 운송까지 다양한 가능성이 시험되고 있다.

세계 시장조사기관 MRFR에 따르면, 전체 드론 시장에서 민간 상업용 드론의 비중이 점차 확대되고 있으며, 2025년 이후에는 전체 시장의 절반 이상을 차지할 것으로 예측된다. 이와 함께 각국 정부의 드론 산업 육성정책과 법제도 정비가 뒷받침되면서, 드론 기술은 앞으로 다양한 사회 문제 해결에도 기여할 수 있을 것으로 기대된다.

결론적으로 드론 산업은 군사 및 안보 차원을 넘어서 경제 전반에 걸쳐 새로운 기회를 창출하고 있으며, 향후 글로벌 기술 경쟁과 시장 주도권 확보를 위한 핵심 분야로 자리 잡고 있다. 산업적·기술적·정책적 측면에서 드론은 '하늘을 나는 센서 플랫폼'이라는 개념을 넘어서, 정보·물류·보안·에너지·환경 등 전 분야를 연결하는 중추 기술로 진화하는 중이다.

에필로그:
드론과 군사력의 미래

　무기의 진화는 언제나 전쟁의 양상과 군사전략의 패러다임을 변화시켜 왔다. 화약 무기의 등장은 근접 전투의 시대를 종식시키며 장거리 화력 중심의 전쟁으로 전환시켰고, 전차와 항공기의 도입은 전장의 기동성과 입체성을 비약적으로 향상시켰다. 제2차 세계대전 이후 등장한 핵무기와 전략 미사일은 억제력 중심의 전쟁 구조를 형성했다. 그리고 지금, 드론(무인기)의 등장은 단순한 기술적 진보를 넘어 전쟁의 철학, 작전 방식, 병력 구조, 나아가 국제질서 전반에까지 근본적인 영향을 미치고 있다.

　드론은 더 이상 정찰이나 제한된 정밀타격에만 쓰이는 보조 수단이 아니다. 오늘날의 드론은 군사작전 전반을 수행하며, 인공지능(AI) 기반 자율판단까지 가능한 독립 전투전력으로 진화하고 있다. 이러한 발전은 군사력의 양적 투사에서 질적 전환으로의 흐름을 가속화시키며, 대규모 고정식 체계에서 분산형 네트워크 전력으로의 이동을 촉진하고 있다. 이는 곧 무기의 소형화·지능화·자율화를 바탕으로 한 새로운 군사 패러다임의 형성이며, 전장 구조 그 자체의 재정립이라 할 수 있다.

　과거 항공모함, 전략 폭격기, 대륙간탄도미사일(ICBM)과 같은 고비용 대형 무기체계는 군사력의 상징이었지만, 이제는 그 자체가 전장의 한 축에

불과하다. 수만 달러의 자폭형 드론 수십 기가 수억 달러의 방공망을 무력화시키는 장면은 이미 현실화되었으며, 이는 무기체계의 '가성비'를 근본적으로 재정의하고 있다. 특히 군집 드론은 자율성과 협업성을 바탕으로 수십~수백 기가 동시에 목표를 타격함으로써, 기존의 전술과 전략을 무력화시키는 결정적 전환점을 제공한다.

드론은 작전 공간의 범위도 급격히 확장시키고 있다. 육지·바다·하늘을 넘어 우주와 사이버 공간까지 작전 영역을 넓히며, '원격 전쟁(Remote Warfare)'이라는 개념 속에서 전투원은 전장에 직접 투입되지 않아도 되는 구조가 형성되고 있다. 위성통신, 고해상도 영상 전송, GPS 기반 항법 시스템의 발전으로 전장은 시공간의 제약을 넘어섰으며, 드론 조종사는 수백 킬로미터 떨어진 후방에서 생사를 결정짓는 위치에 있다.

이러한 기술 진보는 단순한 무기체계의 변화가 아니라 군사전략 전반의 재구성을 요구한다. 드론은 더 이상 병력을 보조하는 장비가 아니라 전장 작전의 핵심 주체로 부상하고 있으며, 일부 드론은 자율 판단 기능을 바탕으로 목표 식별과 공격 결정까지 수행할 수 있는 수준에 도달했다. 미국, 중국, 이스라엘, 튀르키예 등 주요 국가는 치명적 자율 무기 시스템(Lethal Autonomous Weapon Systems, LAWS)의 실전 배치를 시험 중이거나 준비하고 있다. 이는 인간 없는 전쟁, 즉 자동화된 전장으로의 이행 가능성을 가시화시키고 있다.

그러나 이 같은 진보는 윤리적·법적 논쟁을 불가피하게 동반한다. 인공지능이 인간의 생사를 결정하는 것이 과연 정당한가? 인간 개입 없이 이루어진 공격의 책임은 누구에게 귀속되는가? 민간인을 오폭하거나 아군을 공격한 경우, 법적 책임의 주체는 누구인가? 현재의 제네바 협약, 무력충돌법, 국제인도법 등은 유인 병력을 전제로 구성되어 있으며, 드론 시대에 적합한 법적 체계에는 여전히 공백이 존재한다. 이 공백은 조속히 보완되어야 한다.

더불어 초소형 드론의 확산은 새로운 보안 위협을 야기하고 있다. 손바닥만 한 드론이 도심 한복판에서 정찰, 감청, 암살, 테러를 수행할 수 있으며, 이는 기존의 물리적 방어체계로는 탐지조차 어려운 위협이 된다. 테러조직, 용병 기업 등 비국가 행위자들도 상용 기술 기반으로 드론을 무기화할 수 있어 전장은 비대칭화되고 민영화될 수 있다. 이러한 드론이 사이버 공격, 전자전과 결합될 경우 하이브리드 위협(Hybrid Threat)의 핵심 수단으로 진화하게 된다.

이제 우리가 바라보는 드론 전장은 단순한 기술 경쟁의 차원을 넘어 '전쟁의 양식 자체'를 근본적으로 바꾸는 상징이 되었다. 향후 10년 내에는 초고도 장기 체공 드론, 핵 배터리 기반 드론, 극초음속 무인기(Hypersonic UAV), EMP 방어형 드론, 위성 연동 다영역 드론 전투체계 등 차세대 기술들이 실

무인화된 미래 전장

전 배치될 가능성이 높다. 이는 단순한 기술 발전이 아닌 억지력의 개념과 전쟁의 정의 자체를 다시 묻는 문제다.

지금 이 책에서 다룬 드론 운용체계와 전장은, 엄밀히 말하면 드론 시대의 '1.5단계'에 해당한다. 즉, 인간이 여전히 드론과 함께 전장에 머물며 직접 전투를 수행하거나 조종과 판단에 개입하는 과도기적 양상이다. 그러나 머지않아 공중·지상·해상의 모든 영역이 무인 전력으로 재편되고, 인간은 후방에서만 전투를 지휘하는 시대가 도래할 것이다. 영화 속 미래가 점차 현실화되고 있는 지금, 우리는 이러한 전장의 전환에 대한 전략적 상상력과 실질적 준비를 병행해야 한다.

특히 미래의 전장은 시작과 지속의 양상이 전혀 다를 수 있다. 초기에는 정밀하게 준비된 드론과 과학화 장비들이 투입되겠지만, 전투가 장기화되고 자원이 고갈되면 민간 상용 장비의 전용, 자율성 낮은 장비의 재활용, 심지어 아날로그적 운용 방식까지도 병행해야 할 상황이 발생할 수 있다. 전장은 언제나 예측을 뛰어넘어 진화하며, 최첨단 기술만으로 생존이 보장되지 않는 순간은 반드시 찾아온다.

따라서 우리는 기술적 우위를 확보하는 동시에 우발 상황에 대비한 대체 수단 마련, 비표준 장비의 활용 가능성 검토, 유연한 작전 사고를 바탕으로 한 '복합 대응 전략'을 반드시 갖추어야 한다. 그것이 바로, 드론 시대 이후의 전장에서 살아남기 위한 전략적 조건이다.

이러한 흐름 속에서 드론을 단순한 첨단 장비가 아닌 '전략 플랫폼'으로 인식하고, 민·군 융합 기술 개발, 국방 R&D 확대, 드론 전문가 양성, AI 윤리 기준 정립, 국제협력 강화 등 국가 차원의 통합 대응체계를 마련해야 할 것이다. 특히 군집드론 운용, 전자전 대응 드론, 통신중계 드론 등 실전에 투입 가능한 플랫폼 중심의 전략 전환이 시급하다.

결국 드론은 기술이자 전술이며, 나아가 전략과 문명 자체를 재구성하는 '전장의 메타구조'다. 그 가능성과 위험은 언제나 양면으로 존재한다. 우리가 이 기술을 어떻게 활용하고, 어떤 규칙과 철학으로 통제하느냐에 따라 미래 전장의 윤곽은 완전히 달라질 것이다.

기술은 진보하지만, 책임은 언제나 인간의 몫이다. 드론이 만들어갈 미래의 전장은 천국이 될 수도, 재앙이 될 수도 있다. 강력하면서도 책임 있는 군사력. 그것이 드론 시대를 통과하는 우리 모두의 과제다.

참고문헌

국내문헌

국무조정실. "제7차 국가테러대책위원회 보도자료". 대한민국 정책브리핑, 2018년 7월 16일.

국토교통부. "K-드론시스템 실증사업 추진 현황". 2021.

국토교통부. "도심항공교통(UAM) 개념 및 추진현황". 국토교통부 보도자료, 2020년 6월 4일.

대한민국 국방과학연구소(ADD). "KUS-FS 중고도 무인기 개발 자료". 2022.

대한민국 법제처.「개인정보 보호법」제2조·제15조. 2023년 개정, 국가법령정보센터.

_____.「군사기밀 보호법」. 2023년 개정, 국가법령정보센터.

_____.「성폭력범죄의 처벌 등에 관한 특례법」제14조. 2023년 개정, 국가법령정보센터.

_____.「항공안전법」제129조의2. 2023년 개정, 국가법령정보센터.

_____.「항공안전법」제23조 제1항 및 제2항, 제129조, 제129조의2, 제161조. 2023년 개정, 국가법령정보센터.

대한민국 정부. "아미타이거 4.0 전략 브리핑 자료". 2021년.

_____. "정부, 드론테러 대응 강화 ⋯ 원전 등에 열상감시장비 배치," 정책브리핑(정부 공식), 2023년 3월 29일.

두산모빌리티이노베이션. "DS30W 제품 브로셔". 2023.

디펜스투데이(Defense Today). "해군, 해병대 S-300 대형 캠콥터 도입 착수". 2024년 2월 20일.

매일경제. "ADD, 2023년 4월 레이저 대공무기 시험평가 성공 ⋯ '전투용 적합 판정' 획득". 2024년 5월 20일.

방위사업청. "드론 전력화 사업 추진 현황 및 계획". 보도자료, 2023년 6월 1일.

부산일보. "드론의 공습, 달라진 전쟁". 2022년 5월 14일.

비즈한국. "국방과학연구소, 세계 최고 수준 드론 요격체계 개발 돌입". 2024년 2월 13일.

빅데이터뉴스. "피씨디렉트 주가 급등 … '국산 자폭 드론 연내 실전 배치' 소식에 드론주 들썩". 2024년 10월 24일.

서울경제(Seoul Economic Daily). "軍, 무인정찰기 뭐 운용하나 … 총 510여대, 대대·사단·군단급·고도 등 운용별 다양". 2024년 6월 16일.

세계일보. "'한국만 없어 항공모함' … 해군, 야심 찬 계획 세웠다". 2025년 7월 8일.

_____. "적진 앞에서 흩어지며 '쾅' … '전장 게임체인저' 군집드론 만든다". 2024년 12월 8일.

연합뉴스. "한국 방산 수출 2022년 173억 달러 '역대 최대' … K9·FA-50 등 수출 호조". 2023년 1월 4일.

월간중앙. "한국 특수부대 대테러팀 장비". 2018년 3월 1일.

조선일보. "군대 갈 사람 없자 … 키 175cm에 120kg 넘어도 현역 간다". 2023년 12월 15일.

하이테크뉴스(Hi-Tech News). "국방부, '드론' 공격은 예고편 … 잠수정·전투기까지 '무인화' 전쟁". 2023년 7월 5일.

한경닷컴. "AI 전투체계 '아미타이거' 2040년까지 전 부대 도입". 2024년 9월 26일.

한국인터넷진흥원(KISA). "2022 개인정보보호 동향 보고서 VOL9 (9월호): 드론 이용 확산에 따른 개인정보보호 이슈 분석". 2022년 9월.

한국전자통신연구원. "드론보안모듈 기술 상세 소개". ETRI 기술이전, 2020.

한국전자통신연구원. "드론보안모듈 기술". ETRI 기술이전 안내, 2020.

한국지능정보사회진흥원. "AI, IoT, 드론, 무인 경계 시스템의 현재와 미래". 한국지능정보사회진흥원, 2024.

헤럴드경제. "화생방 정찰차 탑재 드론 공동 개발 '주목'". 2025년 1월 9일.

국외문헌

AGS Protect Blog. "Cost-Effective Security: Comparing Drone Security to Traditional Methods." January 26, 2025.

Airbus. "Zephyr Program." 2023.

Airforce-Technology. "Ghost Bat uncrewed aircraft is a pathfinder for Royal Australian Air Force's future human-machine teams."

Airsight. "Drone Communication — Data Link."

Amazon News. "Prime Air drone deliveries are taking flight." June 2023.

Anthony Padalino. "Frontline Fusion: The Network Architecture Needed to Counter Drones." Modern War Institute at West Point, July 23, 2025.

Arms Control Association. *Emerging Technologies and Nuclear Weapon Risk Reduction*. ACA, 2022.

Army Recognition. "South Korea is Building a Drone-Enabled Naval Fleet Led by a Giant Command Ship...." 12 May 2025.

_____. "TEKEVER advances drone sonobuoy launching technology." 27 September 2024.

Army University Press. "Kicking the Beehive — Manned-Unmanned Teaming in Army Aviation." Military Review, May–June 2022.

Arthur M. Schlesinger Jr. *A Thousand Days: John F. Kennedy in the White House*. Houghton Mifflin, 1965.

Atlas Elektronik GmbH. "SeaFox — Remotely Operated Mine Disposal Vehicle." (no date provided).

Australian Army Research Centre. "How are Drones Changing Modern Warfare?" 2024.

Autonomy Global. "The Critical Importance of Wide RF-Cyber C-UAS Coverage for Rapidly Changing UAS Frequency Bands."

Aviation Week. "First Confirmed Sightings of RQ-180." August 3, 2022.

_____. "U.S. Air Force Secretive RQ-180 Program." August 19, 2022.

Axios. "U.S. kills top Iranian commander Qasem Soleimani." January 3, 2020.

Barry Buzan. *An Introduction to Strategic Studies: Military Technology and International Relations*. Macmillan, 1987.

BBC News. "Kuwait invasion: 30 years on, how the Gulf crisis unfolded." January 2, 2020.

_____. "Venezuela drone 'attack' against Maduro." August 4, 2018.

Bell Textron. "V-280 Valor." 2023.

Ben Emmerson. "Report of the Special Rapporteur on the promotion and protection of human rights and fundamental freedoms while countering terrorism." UN Doc. A/69/397, 2014.

Benjamin Perrin. "Lethal Autonomous Weapons Systems & International Law: Growing Momentum Towards a New International Treaty." ASIL Insights, Vol. 29, Issue 1, Jan 24, 2025. American Society of International Law.

Boeing Defense. "EA-18G Growler Overview." 2022.

_____. "MQ-25 Overview." n.d.

Boeing. "SolarEagle HALE UAV Concept." 2021.

_____. "SolarEagle HALE UAV Program Overview." 2021.

Breaking Defense. "Army Seeks AI/ML Tools to Tame Crowded Airspace under NGC2 Push." July 31, 2025.

_____. "Army stretches little wings with desert mini-drone swarm tests." May 2, 2022.

_____. "Distributed Maritime Operations: A Resilient Force Structure Enabled by JADC2." October 19, 2021.

_____. "UK welcomes new StormShroud autonomous drones." May 2, 2025.

Business Insider. "Ukraine is losing 10,000 drones a month to Russia's electronic-warfare systems, researchers say." May 22, 2023.

_____. "US Marines put their new experimental 'loyal wingman' drone to the test with F-35 stealth fighters." October 9, 2024.

_____. "US special operators want drones to help them execute a dangerous mission —fighting in caves." March 13, 2025.

_____. "Real drone warfare isn't like playing Call of Duty, a special Ukrainian unit says, but gamers make great drone pilots." February 6, 2025.

Business Korea. "KAI is developing a stealth unmanned combat aerial vehicle and loyal wingman to operate in conjunction with the KF-21." 8. 5. 2025.

C4ISRNet. "This unmanned submarine chaser is closer to reality." 5 February 2018.

Carl von Clausewitz. On War. 1832.

Carnegie Endowment for International Peace. "The Booming China-Russia Drone Alliance." June 2025.

Center for Strategic and International Studies (CSIS). "Air and Missile War in Nagorno-Karabakh." CSIS Analysis, Dec 8, 2020 —notes heavy ground units including T-72 tanks and S-300 air defenses were destroyed by UAV and loitering munitions.

_____. "Drones and the Future of Warfare: A Changing Landscape." 2022.

_____. "Drones Over Ukraine: Commercial Technologies in Combat." 2023.

_____. "Lessons from the Ukraine Conflict: Modern Warfare in the Age of Autonomy, Information, and Resilience." May 2, 2025.

_____. "Significant Cyber Incidents." 2022.

China Ministry of Industry and Information Technology (MIIT). "Regulations on the Use of Radio Frequencies by Civil Drones." 2020.

Christof Heyns. "Report of the Special Rapporteur on extrajudicial, summary or arbitrary executions." UN Human Rights Council, UN Doc. A/HRC/23/47, 2013.

Civil Aviation Administration of China (CAAC). "Interim Provisions on the Management of Civil Unmanned Aerial Vehicle Operations." 2019.

CNA. "Drones Over Ukraine: Commercial Technologies in Combat." 2023.

Conflict Armament Research (CAR). "Lancet Drone Use in Ukraine." 2023.

Congressional Budget Office (CBO). "Costs of Major U.S. Weapon Systems." 2023.

Congressional Research Service. "U.S. Navy Aircraft Carriers: Background and Issues." Washington D.C.: Congressional Research Service, 2022.

_____. "China's Economic and Military Influence." U.S. Congress, 2023.

_____. *Hypersonic Weapons: Background and Issues*. Congressional Research Service, 2022.

_____. *Russia's War in Ukraine: Military and Intelligence Aspects*. CRS Report No. R47329, Library of Congress, 2023.

DARPA News. "OFFSET Swarm Systems Successfully Demonstrate Urban Raid Tactics." January 14, 2020.

_____. "OFFSET Swarms Take Flight." December 21, 2021.

David C. Mowery & Nathan Rosenberg, *Paths of Innovation: Technological Change in 20th-Century America*. Cambridge University Press, 1998.

_____. *Technology and the Pursuit of Economic Growth*. Cambridge University Press, 1989.

David Dambre, Assessing the Ethical and Legal Use of Unmanned Aerial Vehicles in Military Operations by the U.S. Army AFRICOM. SSRN, 2023.

David Hambling. "Unmanned Aircraft and the Revolution in Operational Warfare." Military Review, Jul–Aug 2025.

David Vine. *The United States of War: A Global History of America's Endless Conflicts*. University of California Press, 2020.

Defense Advanced Research Projects Agency (DARPA). "Gremlins Program Demonstrates Airborne Recovery." 5 November 2021.

_____. "Mind's Eye." 2010.

_____. "Gremlins Program Demonstrates Airborne Recovery." November 5, 2021.

_____. "OFFensive Swarm-Enabled Tactics (OFFSET)." n.d.

Defense Mirror. "Russian Orion-E Drone Makes its First Kill in Ukraine." March 8, 2022.

Defense News. "China's surprising drone sales in the Middle East." April 23, 2021.

_____. "Russia Licenses Israeli Drones." 2015.

_____. "EA-18G Growler: Navy's Electronic Attack Aircraft." March 15, 2023.

_____. "Israel's Drone Interceptor Developments." March 15, 2023.

_____. "Top 100 Global Defense Companies." 2023.

_____. "Ukraine's fire-dropping drones can find, shock Russian troops: experts." September 10, 2024.

Defense One. "Marine logistics battalions to get resupply drones by 2028." May 6, 2024.

_____. "Mine-Spotting Drones and Tracked Robots: The Army's Efforts to Breach Minefields with Tech." January 26, 2024.

Defense Post. "Taiwan says Chinese military drone entered air defence identification zone." September 6, 2022.

DefenseScoop. "Army wants AI tech to help manage airspace operations." July 31, 2025.

Department of Defense. "Strategy for Countering Unmanned Systems." 2024.

Department of the Army. *FM 3-97.6: Engineer Reconnaissance*. Department of the Army, 2000.

Doosan Mobility Innovation. "DS30W Product Brochure." 2023.

DroneLife. "Breaking the limits: How solid-state hydrogen is powering the next generation of UAVs." DroneLife, April 4, 2025.

Dubai Future Foundation. "Dubai Program to Enable Drone Transportation." November 20, 2021, Government of Dubai.

European Commission. Regulation (EU) 2016/679 – General Data Protection Regulation (GDPR). April 27, 2016, Official Journal of the European Union.

Federal Aviation Administration (FAA). "Integration of Civil Unmanned Aircraft Systems (UAS) in the National Airspace System Roadmap." 2021.

_____. "UAS Accident and Incident Data." 2022.

FlightGlobal. "Sukhoi Okhotnik UCAV Revealed." January 23, 2020.

_____. "UK continues to assess platform options for Tempest's autonomous wingman." April 22, 2025.

FLIR Systems. "Thermal Imaging Performance Comparison Report." 2022.

FlyEye. "Drone Communication Systems." n.d.

_____. "Drone Communication: How Radio Frequencies Affect Performance." n.d.

Foreign Policy Research Institute (FPRI). "Russian Military Drones: Past, Present, and Future of the UAV Industry." November 30, 2023.

GA-ASI. "MQ-9B SeaGuardian Datasheet." February 2023.

General Atomics Aeronautical Systems. "MQ-9B SeaGuardian Featured Again at RIMPAC." GA-ASI Newsroom, July 23, 2024.

German Bundestag. "Approval of Special Defense Fund." 2022.

German Federal Ministry of Defence. "White Paper on German Security Policy and the Future of the Bundeswehr." 2016.

Gheorghe Minculete. "Military Logistics Drones: The Innovative Solution for Transportation Challenges on the Battlefield." 2025.

GlobeNewswire. "Red Cat and Athena AI Announce Breakthrough Artificial Intelligence and Computer-Vision Capabilities for Teal 2 Military-Grade Drone." June 20, 2023.

Gonroudobou, M. et al., "Treetop Detection in Mountainous Forests Using UAV." Sensors, Vol. 10, No. 6, 2022.

Graham Allison. *Destined for War: Can America and China Escape Thucydides's Trap?* Houghton Mifflin Harcourt, 2017.

Grepow.com. "Li-ion vs LiPo Batteries for Drones: Which Battery for Optimal Drone Endurance?" April 9, 2025.

_____. "The Comprehensive Guide to Drone Batteries." June 23, 2025.

Hans Morgenthau. *Politics Among Nations*. Alfred A. Knopf, 1948.

HFUnderground. "UAV Frequency Bands."

HII/Ingalls. "REMUS UUVs deliver intelligence, surveillance, reconnaissance, and mine counter-measure capabilities." circa 2023.

IEEE Spectrum. "Lethal Autonomous Weapons Exist; They Must Be Banned." June 8, 2021.

International Committee of the Red Cross. *International Humanitarian Law and the Challenges of Contemporary Armed Conflicts*. ICRC, 2019.

International Institute for Strategic Studies (IISS). "The Ethics of UAV Targeted Killing." Strategic Comments, March 17, 2023.

_____. The Military Balance 2023. Routledge, 2023.

International Maritime Organization. "Shipping and World Trade." 14 October 2021, IMO.org.

International Telecommunication Union (ITU). "Use of radio spectrum for unmanned aircraft systems (UAS)." Recommendation ITU-R M.2171, 2018.

John Deere Official Website. "Precision Ag Technology Overview." 2022.

Joint Chiefs of Staff. *Joint Publication 2-0: Joint Intelligence*. U.S. Department of Defense, 2013.

Jonathan, D. Spence. *The Search for Modern China*. W. W. Norton & Company, 1990.

Joseph, S. Nye. *Soft Power: The Means to Success in World Politics*. PublicAffairs, 2004.

_____. *The Future of Power*. PublicAffairs, 2011.

Joseph Trevithick. "New Electronic Warfare Pod Turns Marine MQ-9 Reaper Into A 'Black Hole'." The War Zone, 19 January 2024.

Jules Hurst. "Robotic Swarms in Offensive Maneuver." *Joint Force Quarterly*, 4th Quarter 2017.

Korea Aerospace Industries (KAI). "2022 KAI Brochure (Korean)." 2022.

Krebs, S. "Above the Law: Drones, Aerial Vision and the Law of Armed Conflict — a socio-technical approach." *International Review of the Red Cross*, Vol. 105, No. 924 (Dec 2023).

Leonardo UK. "Royal Air Force StormShroud equipped with Leonardo BriteStorm electronic warfare payload to confuse and deceive enemy radars." May 2, 2025.

Li, X. et al. "Deep Learning for Inertial Positioning: A Survey." arXiv preprint arXiv:2303.03757, June 20, 2023.

Li, Yuchun, et al. "A Real-Time Battle Situation Intelligent Awareness System Based on Meta-Learning & RNN." arXiv preprint, January 23, 2025.

Liu Zhen. "China unveils new drone that takes off and lands on its tail like a rocket." South China Morning Post, July 18, 2025.

Maddox, J. D. "Emerging Technologies in Military Psychological Operations." *Journal of Information Warfare*, 2021.

MAJAR Padalino. "The Army Needs to Quickly Adapt to Tactical Drone Warfare." *Small Wars Journal*, Summer 2024.

MarketsandMarkets. "Drone Market by Application and Region – Forecast to 2025." 2022.

Martin van Creveld. *The Transformation of War*. Free Press, 1991.

Massingham, Eve. "Distinction, Necessity and Proportionality in Cyberspace." *International Review of the Red Cross*, Vol. 94, No. 886, 2012: 803–835.

Mavromatis, A. et al. "Dynamic Target Tracking and Following with UAVs Using Deep Learning and Kalman Filter-Based Prediction." *Drones*, 8(9): 488, 2024.

Mezha Media. "An Altius-RU UAV potentially surpasses the MQ-9 Reaper in size and characteristics." July 8, 2025.

Military Aerospace. "FCC announces new rules for dedicated RF frequencies for UAS operators."

Military Embedded. "Real-time Digital Twins with AI/ML: New Level of Battlefield Intelligence." Military Embedded, June 11, 2025.

Military.com. "Army is Building a 3D Database of Real Cities for Virtual Reality Training." July 18, 2019.

Ministry of Defence / Defence Science and Technology Laboratory (Dstl). "UK research into mine detecting drones could change land warfare." GOV.UK, 14 Oct 2023.

NASA. "Ingenuity Mars Helicopter Mission." April 19, 2021.

NASA Glenn Research Center. "Four Forces on an Airplane." 2022.

National Defense Magazine. "Marines Expanding Drone Resupply Missions." 13 May 2024.

National Museum of the U.S. Air Force. "Ryan Model 147 (AQM-34) Firebee." 2023.

NATO. "Artificial Intelligence for Military Multiple Sensor Fusion Engines," NATO Science and Technology Organization, 2021.

NATO Association of Canada. Special Report, "Mass Competition, China and Russia's Maritime Autonomous Systems." 30 March 2025.

NATO Strategic Communications Centre of Excellence. *Hamas' Human Shield Strategy in Gaza*. 2025.

Naval News. "South Korea to Develop Naval VTOL UAV for KDX-II Destroyers." 26 March 2023.

Naval-Technology. "Orca extra-large unmanned undersea vehicle is designed for use in mine countermeasures and anti-submarine warfare." April 19, 2024.

Niccolò Machiavelli. *The Art of War*. Dover Publications, 2003.

Pieter Van Ostaeyen. "Drone-Enabled Infantry Striking Beyond Line-of-Sight." *War on the Rocks*, June 23, 2025.

Protocol Additional to the Geneva Conventions of 12 August 1949 (Protocol I), especially Articles 48 and 51.

PwC. "Clarity from Above." 2016.

RAND Corporation. "Drone-Era Warfare Shows the Operational Limits of Air Defense Systems." 2020.

_____. "Emerging Technologies in Modern Warfare." 2023.

_____. "Lessons from Ukraine War." 2023.

_____. "Small Uncrewed Aircraft Systems in Divisional Brigades." 2023.

_____. *Assessing and Measuring the Relative Military Balance Between the United States and China*. RAND Corporation, 2020.

_____. *China's Military Modernization*. RAND Corporation, 2021.

Reddit. "Ukrainian military used a drone with a loudspeaker to convince Russian occupiers to surrender." 2024.

Reuters. "Drone makers battle for air dominance with 'wingman' aircraft." 19 June 2025.

_____. "In villages near Kyiv, how Ukraine has kept Russia's army at bay." March 29, 2022.

_____. "New era of robot war may be underway, unnoticed." May 29, 2021.

_____. "Slovak startup InoBat launches battery for military drones." May 19, 2025.

Robert, D. Kaplan. *The Revenge of Geography: What the Map Tells Us About Coming Conflicts and the Battle Against Fate*. Random House, 2012.

Robert Gilpin. *War and Change in World Politics*. Cambridge University Press, 1981.

Roverso, D. et al. "Factor Graph Fusion of Raw GNSS Sensing with IMU and LiDAR for Precise Robot Localization Without a Base Station." arXiv preprint arXiv:2209.14649, September 29, 2022.

Royal Air Force Museum. "The Queen Bee and the Origins of the Drone." 2021.

_____. "History of the Queen Bee Drone." 2020.

Royal United Services Institute (RUSI). "The Role of Drones in the Ukraine Conflict." 2023.

_____. "Lessons from Ukraine War." 2023.

_____. "The Ukraine Conflict and European Defence." 2022.

Sanders, G., Butchart, R., Price, A., Steinberg, D., & Holderness, A. *Rising Demand and Proliferating Supply of Military UAS*. CSIS, 2023.

Sentrycs Website. "Counter-Drone Solutions for Special Forces." 2025.

Shen, Z. et al. "Development and Application of Hydrogen Fuel Cell Multi-Rotor Drones." *Energies*, 17(16), 2024.

Singh, R. & Yegnanarayana, B. Advances in Sound and Speech Signal Processing at the Presence of Drones. arXiv preprint, arXiv:2010.09939, October 20, 2020.

Šipoš, D. & Gleich, D. "A Lightweight and Low-Power UAV-Borne Ground Penetrating Radar Design for Landmine Detection." *Sensors*, Vol. 20, No. 8, 2020.

Smithsonian National Air and Space Museum. "The Kettering Bug." 2022.

South China Morning Post. "China showcases full spectrum of drone technology in 'border control' exercise." July 22, 2025.

Stockholm International Peace Research Institute (SIPRI). "Armed Drones and the Future of War." 2021.

_____. "Global Military Expenditure Report." 2023.

_____. "KUB Drone Analysis." 2022.

_____. "Military Expenditure Database." 2023.

_____. "Post-Cold War Military Spending." 2022.

_____. "World Military Expenditure Data base 2023." 2023.

Straight Arrow News. "China Drone Show Sparks Global Admiration, Military Concerns." October 1, 2024.

The Defense Post. "India to Receive Israeli Heron Drones for China Border Deployment." May 27, 2021.

_____. "Russia Developing Cerberus System for Managing Drone Swarms." February 17, 2025.

The Diplomat. "Unmanned Systems in China's Maritime 'Gray Zone' Operations." January 23, 2023.

The Guardian. "US military used 'ninja' non-explosive drone missile in Syria." September 25, 2020.

The New York Times. "Commercial Drones in the Ukraine Conflict." January 11, 2023.

The War Zone. "Drone-dropped electric bikes save Ukrainian soldier during combat."

July 31, 2025.

_____. "Russia's Orion Drone Combat Trials in Syria Demonstrated Strike Capability." February 22, 2021.

Thomas, C. Schelling. *Arms and Influence*. Yale University Press, 1966.

Thucydides. *History of the Peloponnesian War*. Trans. Rex Warner, Penguin Classics, 1954.

Time. "Iran Shot Down a $176 Million U.S. Drone. Here's What to Know About the RQ-4 Global Hawk." June 20, 2019.

_____. "Ukraine's Secret Weapon Against Russia: Turkish Drones." March 10, 2022.

Times of Israel. "Defense Ministry carries out tests on new anti-drone systems in development." February 5, 2025.

TopWar. "Разведывательно-ударный беспилотник «Альтиус-У» получил спутниковую связь." March 27, 2021.

Trimble. "Real-Time Kinematic (RTK): achieve centimeter-level accuracy."

_____. "RTK 실시간 측위 기술." 2022.

U.S. Air Force. "MQ-9 Reaper Fact Sheet." 2023.

_____. "RQ-4 Global Hawk." 2023.

_____. "Skyborg Vanguard Program Report." 2022.

U.S. Army Aviation Center of Excellence. *Aviation Digest: Manned-Unmanned Teaming Enhances Survivability and Situational Awareness*. U.S. Army Aviation Center of Excellence, 2014.

U.S. Army TRADOC Blog. "Unmanned Capabilities in Today's Battlespace." 2023.

U.S. Army Training and Doctrine Command. *The U.S. Army in Multi-Domain Operations 2028*. TRADOC Pamphlet 525-3-1, 2018.

U.S. Army War College. *Multi-Domain Battle: Evolution of Combined Arms for the 21st Century*. 2018.

U.S. Central Command. "Precision Drone Strike in Middle East." August 3, 2022.

U.S. Customs and Border Protection. "Air and Marine Operations: Unmanned Aircraft System (AMO UAS) Overview." 2023.

U.S. Department of Defense. "Conduct of the Persian Gulf War: Final Report to Congress." Government Printing Office, 1992.

_____. "DoD Announces Actions to Protect the Department from Unmanned Aircraft

Systems." August 3, 2020.

_____. "Unmanned Systems Integrated Roadmap 2017-2042." U.S. Department of Defense, 2017.

_____. *Annual Report on Military and Security Developments Involving the People's Republic of China*. Office of the Secretary of Defense, 2022.

_____. *National Defense Strategy*. Government Printing Office, 2022.

_____. *Unmanned Systems Integrated Roadmap FY2011-2036*. U.S. Department of Defense, 2013.

U.S. Federal Aviation Administration (FAA). "What is a Drone?" 2022.

U.S. Navy. "MQ-25 Stingray: Carrier-Based Unmanned Aerial System." U.S. Navy Fact File, February 3, 2022.

U.S. Navy News. "US Navy showcases Sea Hunter Unmanned Surface Vehicle at LA Fleet Week." 14 June 2024.

U.S. Navy Office of Naval Research. "Distributed Maritime Operations with Autonomous Systems." DoD Briefing, 2022.

U.S.-China Economic and Security Review Commission. "China's Military Unmanned Aerial Vehicle Industry." June 14, 2013.

UK Ministry of Defence. "Intelligence Update on Ukraine." 11 February 2023.

UK Parliament. "Electronic Warfare (POST-PN-0749)." Jul 2025.

UN Human Rights Committee. *General comment No. 36 (2018) on article 6 of the International Covenant on Civil and Political Rights, on the right to life*. CCPR/C/GC/36, 30 October 2018.

UN Human Rights Council. Report of the Special Rapporteur on extrajudicial, summary or arbitrary executions (Christof Heyns), A/HRC/23/47, 2013.

United Nations. *Charter of the United Nations*. Article 2(4), 26 June 1945.

_____. *International Covenant on Civil and Political Rights (ICCPR)*. Article 6, 1966.

United Nations Human Rights Council. *Report of the Special Rapporteur on extrajudicial, summary or arbitrary executions*. A/HRC/14/24/Add.6, 28 May 2010.

United Nations Institute for Disarmament Research (UNIDIR). "Autonomous Weapons and Future Conflict." 2023.

_____. "The Ethics of Autonomous Weapons Systems." 2023.

_____. *The Use of Armed Drones under International Law*. UNIDIR, 2021.

United Nations Peacekeeping. "Peacekeeping Operations Overview." 2023.

United Nations Security Council. "Resolutions on Piracy off Somalia." 2008-2012.

_____. Resolution2624(2022). UnitedNations, 28 February 2022.

Uzi Rubin. "The Second Nagorno-Karabakh War: A Milestone in Military Affairs." Begin-Sadat Center for Strategic Studies, December 2020.

Valentina Bartulović, et al. "Use of Unmanned Aerial Vehicles in Support of Artillery Operations." *Strategos* 7, No. 1, 2023.

Victor Cha. *The Impossible State: North Korea, Past and Future*. HarperCollins, 2012.

Vincent-Lambert, C. et al. "Use of Unmanned Aerial Vehicles in Wilderness Search and Rescue: A Scoping Review." Prehospital and Disaster Medicine, 2023.

Virtual On. Do holographic projections work in daylight? FAQ – "Holographic projections do not work effectively in direct sunlight."; ShowTex. Cielorama – Outdoor projection scrim – "Consider the wind conditions and ensure the HoloGauze and support structure are securely anchored."

Wang, Y. et al. "USV-AUV Collaboration Framework for Underwater Tasks under Extreme Sea Conditions," arXiv preprint arXiv:2404.12345, 2024.

Washington Institute for Near East Policy. "Iran's Drones in Ukraine: Shahed-131/136 and Their Strategic Impact." Policy Analysis, October 17, 2022.

Washington Post. "Russia's deadly drone industry upgraded with Iran's help." United Against Nuclear Iran, May 2025.

Washington Technology. "Army Seeks AI Solutions to Manage Complex Airspace Operations." August 5, 2025.

Wikipedia. "AeroVironment Helios Prototype." accessed 5 August 2025.

_____. "ASW Continuous Trail Unmanned Vessel (ACTUV)." accessed 16 August 2025.

_____. "Augmented Reality Sandtable." accessed 9 August 2025.

_____. "Buckeye system." accessed 9 August 2025.

_____. "Guizhou WZ-7 Soaring Dragon." accessed 4 August 2025.

_____. "IAI Harop." overview section, accessed 10 August 2025.

_____. "IAI Heron," section "Operational history – 2008-2009 Gaza War." accessed 10 August 2025.

_____. "IAI Heron." Operational history, 2008-2009 Gaza War, accessed 9 August 2025.

_____. "Joint All-Domain Command and Control." accessed 8 August 2025.

_____. "List of unmanned aerial vehicle-related incidents." accessed 10 August 2025.

_____. "Manned-unmanned teaming." accessed 6 August 2025.

_____. "Military-Civil Fusion." accessed August 14, 2025.

_____. "Mine Kafon Drone." accessed 7 August 2025.

_____. "NASA ERAST Program." accessed 5 August 2025.

_____. "Operation Mole Cricket 19." accessed 5 August 2025.

_____. "Proton-exchange membrane fuel cell." accessed 13 August 2025.

_____. "Qods Mohajer – used by IRGC and exported to Hezbollah." accessed 10 August 2025.

_____. "Radioisotope thermoelectric generator." accessed 9 August 2025.

_____. "Rosoboronexport." accessed 10 August 2024.

_____. "TAI Anka-3 —a flying wing type stealth UCAV for long-range strike and EW, first flight Dec 2023: in Oct 2024, performed loyal wingman mission controlled by another aircraft." accessed 11 August 2025.

_____. "Ukraine and electronic warfare." accessed 14 August 2025.

_____. "V-1 flying bomb." accessed 2 August 2025.

Wired. "Killer Drones to Get Sound System." August 12, 2009.

_____. "Small Drones Are Giving Ukraine an Unprecedented Edge." March 2022.

WIRED. "The Invisible Russia-Ukraine Battlefield." Dec 23, 2024.

World Economic Forum. "Global Risks Report 2022." 2022.

World Nuclear Association. "Nuclear Batteries for Space Applications."

Zachary Kallenborn. "InfoSwarms: Drone Swarms and Information Warfare." *Parameters* 52, No. 2 (Summer 2022): 87–102.

Zbigniew Brzezinski. *Out of Control: Global Turmoil on the Eve of the 21st Century*. Scribner, 1993.

_____. *The Grand Chessboard: American Primacy and Its Geostrategic Imperatives*. Basic Books, 1997.

Zhao, Y. et al. Wind Noise Reduction for Drones: Challenges and Solutions. arXiv preprint, arXiv:2205.09017, May 18, 2022.

Zipline Official Website. "How Zipline Delivers Medical Supplies by Drone." 2023.

Zuo, X. et al. "Super Odometry: IMU-centric LiDAR-Visual-Inertial Estimator for Challenging Environments." arXiv preprint arXiv:2104.14938, April 29, 2021.